湛庐 CHEERS

与最聪明的人共同进化

HERE COMES EVERYBODY

CHEERS
湛庐

杂草

从不按图鉴长

[日] 稻垣荣洋 著

李金珂 译

浙江科学技术出版社 · 杭州

测一测　生物如何实现个性化生存?

扫码加入书架
领取阅读激励

扫码获取全部
测试题及答案,
一起向生物学习
"个性化"的生存秘密

- 在人体中,98% 的 DNA 用于(　　)

  A. 形成人体的基本构造

  B. 创造属于每个人独特的个性

- 真正的"杂草精神"是,杂草就算被踩踏也能(　　)

  A. 努力让自己重新站起来

  B. 想尽办法开花结籽

- 自然界的生物都发展出了"战斗"的策略,通过持续战斗,才能确保自己占据了"专属领域的第一"。这种说法对吗?(　　)

  A. 对

  B. 错

扫描左侧二维码查看本书更多测试题

"这是个性的时代"，"个性"又是什么呢

人们常说"这是个性的时代"，还会说，你要"保持个性""发挥个性""磨炼个性"。

不过，个性到底是什么呢？

个性就是忠于自我。那么，自我又是什么呢？

我们生活在个性的时代，有时会因为找不到自我而烦恼，也总是为自己不够个性而困扰。

所谓个性，究竟是什么呢？

让我们来看看生物的世界吧。

在生物的世界里，"个性"这个词也许可以替换为"多样性"。

多样性指的是各种各样不同的存在，也就是各种各样的种类、各种各样的特点。

我们还会用多样性来形容其他事物，比如"民族的多样性""文化的多样性""地域的多样性""价值观的多样性"等。

在生物的世界里，多样性无处不在。我们会说"生物的多样性"。

自然界存在着各种各样的生物。大象和狮子，独角仙和蝉，还有章鱼和比目鱼，像这样有着不同性质的不同物种，就叫作生物的"物种多样性"。

这些不同的生物之间相互联系，构成了各种各样的生态系统。比如，大象和狮子属于草原生态系统，独角仙和蝉属于森林生态系统，章鱼和比目鱼属于海洋生态系统。当然，由于地域的不同，草原、森林及海洋会出现各种各样的生物，也会形成各式各样的生态系统, 这就是生态系统的多样性。

生物的多样性远不止如此。

同样是狗这一物种, 就有马尔济斯犬、柴犬等不同的犬种。就算在同一物种之中, 也存在着拥有不同基因的群体。

让我们再进一步看看。

同样是马尔济斯犬, 有的温驯听话, 有的活泼调皮; 有的不怕生, 有的很胆小, 性格各有差异。

即便是相同的犬种, 也不会一模一样, 而是各自具备不同的类型及特点, 这就是基因的多样性。

从生态系统、生物物种再到遗传基因, 生物在不同的阶段都拥有着多样性。

回溯生物进化的历史, 无论是动物、植物、真菌、细菌还是病毒, 所有的生物都可以追溯到一个共同的祖先。这个共同的祖先是一种小小的单细胞生物, 它被称为 "卢卡" (LUCA)。

仅仅是一种小小的单细胞生物，就进化出如此多样的生物：有的进化成植物，有的进化成动物，有的进化成微生物。通过不断地分支演变，进化出各式各样的生物，然后在这无数的分支中，有一支形成了我们人类。

这种小小的单细胞生物成了生命的共同起源，创造出如此多样的生物世界，构成了多样的物种、多样的生态系统和多样的遗传基因。

生物的进化，就是创造出多样性的"多样性的进化"。

如此诞生的多样性，到底有什么意义呢？

我们被赋予的个性当中，又隐藏着什么秘密呢？

在这本书中，让我们探寻隐藏在这些个性里的秘密吧！

目 录

第 5 课　什么是"自我"　　　109

はずれ者が
進化をつくる

生き物をめぐる
個性の秘密

什么是 "个性"

你是这个世界上独一无二的存在，

即使在这个广袤宇宙的某个角落里

存在着外星人，

你也仍是这个宇宙中独一无二的存在。

杂草是很有"个性"的生物

大家培育过杂草吗？

或许有人会想，院子里不就长着一堆杂草吗……我指的不是这种杂草，而是真正通过播种、浇水，认真培育出的杂草。

杂草明明长得到处都是，为什么还要特意去培育？这也太奇怪了吧。

我的工作是研究杂草，所以我曾经培育过杂草作为研究材料。有人可能会觉得，杂草不用照顾，就算放任不管也能生长，培育起来应该很简单。这种想法大错特错，培育杂草其实相当困难。

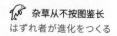
之所以困难，是因为杂草不会按照我们的意愿生长。

如果是蔬菜或花的种子，只要播了种、浇浇水，过几天就会发芽。杂草却不一样，即使播种、浇水，也有可能不发芽。

蔬菜和花的种子都经过改良，能在人类预期的最适合的时期生长，所以会按照人类的安排生发出嫩芽。但是，杂草何时发芽全凭自己决定，人类完全插不上手。

此外，蔬菜和花的种子会在同一时期发芽，杂草的发芽期却不一致。有的早早发芽，有的迟迟不发芽；有的在被遗忘之后悄悄发芽，有的则就此长眠。即使发了芽，它们也长短不一。

有的种子很性急，没多久就长出嫩芽；有的种子慢吞吞，迟迟见不到芽苗。这种迥然不同的特性，应该就是人类世界里所说的个性了。

杂草拥有非常丰富的个性，虽然听起来不错，但其实它们既散乱又难以管理。因此，培育有个性的杂草其实是一件困难的事。

不过，为何杂草发芽的时间会这么不一致呢？对植物来说，越早发芽应该对成长越有利，那么，为何有些杂草会放慢自己发芽的脚步呢？

晚一点发芽也有价值吗

大家知道苍耳这种杂草吗？

它的果实苍耳子带着钩刺，总是粘在衣服上，所以有个俗称是"粘粘虫"，有人小时候说不定还玩过"互扔苍耳子"的游戏。虽然知道苍耳子，但一定没有多少人看过它的果实里是什么模样。

苍耳的果实里有两种种子，一种略长，一种略短。在这两种种子当中，略长的种子是"急性子"，立刻就会发芽；略短的种子是"慢性子"，总是迟迟不发芽。也就是说，苍耳的果实里有两种个性迥异的种子。

长度不同的种子

◆ 苍耳果实的内部

はずれ者が進化をつくる

"急性子"的种子和"慢性子"的种子，
哪一种比较优秀呢？

没人知道答案。

早发芽比较有利，还是晚发芽反而更好，需要视情况而定。

有时确实好事不宜迟，最好尽快发芽；然而，快速发芽时不见得都能碰上适合生长的环境，有时也会遇到欲速则不达的情况，慢点发芽反而更有利。

因此，苍耳才会预备两种个性完全不同的种子。

这也是为何有些杂草的种子很快就发芽了，有的却怎么都迟迟不发芽。

早点发芽好，还是晚点发芽好，做这种比较完全没有意义。对苍耳来说，同时准备两种种子才是最重要的事。

发芽时间的早或晚，对杂草来说无关优劣，这就是杂草的"个性"。

但是，发芽时间有早有晚，这种不一致会造成很多麻烦，似乎在同一时期发芽应该更有利。

生物真的需要那么多不同的个性吗？

自然界没有正确答案

自然界生物这种参差不齐且不一致的现象，被称为"遗传多样性"（基因多样性）。

所谓的个性就是"遗传多样性"，而多样性就是"参差不齐且不一致"。

不过，为什么不一致会是好事呢？

大家在学校解答问题，每个问题都只有一个正确答案，其他答案都是错的。

但是，在自然界却有很多没有答案的问题。

就像之前介绍的苍耳这种杂草，对它们而言，早点发芽好还是晚点发芽好，就没有正确答案。

有时最好快点发芽，有时花点时间慢慢发芽则更有利。**环境改变了，答案也会跟着改变。**由于没有哪一边是更好的答案，所以对杂草来说，"哪一边都好"才是正确答案。

因此，杂草想保持这种不一致的状态。**没有哪一边好、哪一边差的优劣之分，这种不一致反而让它们更强韧。**

而基本上，所有的生物都具备"遗传多样性"。

事实上，人类的世界也是如此，其中存在着许多看似有答案、实则无解的问题。

我们其实不知道什么才是正确，什么才是优秀。被催促"动作快一点"，就认为应该追求速度；被要求"做得更仔细"，又觉得慢工出细活才会获得赞赏。

成年人常常假装自己知道正确答案、明白世间万物，自顾自地制定出优劣标准，断言"这个可以""那个不行"。

然而，"什么才是优秀？"其实谁也不知道。

不对，应该说世上根本没有"谁比较优秀"这回事。

苍耳就是明白这个道理，才准备了两种不同的种子。

蒲公英的花色为何没个性

不过，还是有一件不可思议的事。

就像之前提过的，自然界很重视多样性，但蒲公英的花普遍是黄色。

没有人见过紫色或红色的蒲公英，蒲公英的花色看起来确实没有个性。

这是为什么呢?

蒲公英主要是吸引虻虫帮忙授粉,虻虫容易被黄色花朵引诱,因此对蒲公英来说,最有利的花色就是黄色。

既然认定黄色最有利,所有的蒲公英就全都是黄色了。

不过,蒲公英的植株大小却各有差异,有的比较大,有的比较小。叶子的形状也不尽相同,有的叶子边缘呈明显的锯齿状,有的叶片则完整平滑。

蒲公英的植株大小会因环境而改变,叶片形状似乎也没有哪一种更好的定论。所以,蒲公英的大小和叶片形状很有个性。

个性不是理所当然应该要存在的特性。个性是生物为了存活所创造的战略。这就是生物的个性之所以存在的意义。

因为有必要，所以有个性

那么人类呢？比如人类眼睛的数量？

每个人都只有两只眼睛，这是因为对人类来说，两只眼睛是最好的数量。人类的鼻子、鼻孔数量都相同，一样缺乏个性，这就说明对人类来说，一个鼻子、两个鼻孔是最好的。

人类眼睛和鼻子的数量没有个性。

如果大家以为动物的眼睛一定都是两只，那可就错了。比如，许多昆虫除了两只复眼，另外还有三只单眼，也就是说，它们一共有五只眼睛。

在很久以前古生代的海洋，也有长着五只眼睛或一只眼睛的生物存在。但是，如今我们人类眼睛的数量是两只，代表两只眼睛最为合理，换句话说，进化的结论是"在眼睛的数量上不需要个性"。

不过，我们每个人的长相都不一样，没有人会跟谁长着完全相同的脸。有的人眼尾下垂，有的人眼尾上扬；有的人眼睛大，有的人眼睛小。假使有一张脸对人类来说最为完美，那我们每个人都应该拥有相同的长相才对。

之所以会有各式各样的长相，跟好坏没有关系，而是"人类有着不同的长相"这件事本身就很有价值。

性格也是如此，我们有着不同的性格，也有各自擅长做的事。

生物不会有不需要的个性，我们的性格、特征具有个性，代表这种个性对人类来说是必要的。

此外，自然界花朵的颜色并不多，蒲公英是黄色，堇菜是紫色，对于需要吸引昆虫帮忙授粉的野生植物来说，每种花都有引诱昆虫伙伴的最佳花色。

然而，在花店售卖的花和花圃里的花，即使种类相同，却万紫千红、五彩缤纷，这是人类为了赏花，特意做了品种改良。毕竟比起单调的花色，各

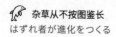
色鲜花竞相开放更为美丽，所以人类才会培育出各
种颜色的品种，这意味着人类也理解"各式各样、
形形色色"的美好。

失去个性的马铃薯的悲剧

这是 19 世纪发生在爱尔兰的事。

在当时的爱尔兰，马铃薯是重要的主食，没想
到却因此引发了历史性的重大事件。

由于暴发了马铃薯晚疫病[1]，全爱尔兰的马铃
薯严重歉收，失去粮食的大量人口背井离乡，远渡
重洋前往美洲大陆拓荒。

众多移民拥入工业时代的美国，为其日后的强
盛做出了巨大贡献，马铃薯也因此被称为"造就美
国的植物"。

---

[1] 由致病疫霉引起、造成马铃薯生病的一种病害。此病主
要危害马铃薯的茎、叶和块茎，也会侵染马铃薯的花蕾
和浆。——编者注

不过，为什么爱尔兰会暴发马铃薯晚疫病呢？
究其原因，正是个性的丧失。

马铃薯是用块茎繁殖的，只要选择优良的植株
进行培养，再用它们的块茎进行培育，就可以培育
出大量优良的植株。当时的爱尔兰人就是采用这种
方式，只选出优良的植株加以栽培、增产。

那么，他们选出的优良植株是什么样的呢？

对爱尔兰人来说，马铃薯是重要的主食，想要
养活大量的人口，就需要种出大量的马铃薯。所
以，高产的马铃薯就属于优良植株，人们积极增加
高产的品种，在爱尔兰各地广泛栽培。

高产的马铃薯被视为明星品种。然而，这种被
选为优良植株的马铃薯有一个致命的缺点，那就是
它们很容易感染马铃薯晚疫病。而在 19 世纪中期，
马铃薯晚疫病真的袭击了这个优良的品种。

由于爱尔兰只栽种同一个品种的马铃薯，所以
当这种植株对病原没有抵抗力时，就代表全爱尔兰

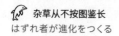
的马铃薯都没有。爱尔兰的马铃薯就这样惨遭晚疫病危害，导致毁灭性的大饥荒。

马铃薯原产于南美洲的安第斯山脉，在安第斯文化漫长的历史中，从未发生过马铃薯大量枯死的事件。

马铃薯有各式各样的品种，有的十分高产，有的产量稍低但不容易生病；有的对某种病没有抵抗力，对另一种病却有很强的抵抗力；等等。安第斯人会同时栽培各式品种，这样即使有的品种遭受病菌侵袭，也不至于所有的马铃薯都枯死。

只不过，这样的栽种方式无法增加产量，所以在安第斯山脉发现马铃薯时，人们只选择了高产的品种，将它们传播到欧洲。后来，欧洲人再从这些高产的品种中挑选更高产的品种，以此栽培出马铃薯的明星品种。

自然界的植物充满个性，人类却只凭着高产这项唯一的标准来选择马铃薯。**不管这个群体多么优秀，一旦失去了个性都会变得极其脆弱。**爱尔兰马铃薯的故事，向我们明确展现了个性的重要性。

毫无个性的世界真的好吗

每个人都有两只眼睛，人类在这一点上确实缺乏个性。个性就是与他人不同，而不同就是个性。

正是这些不同之处让我们有了自己的特点。我们会有不同的长相、不同的思考方式，还有不同的感受和想法。

当然，我们一定会遇到难以相处的人，也会遇到自己不喜欢的人，这是因为我们具有多样性。

那么，如果没有多样性，所有的人类是不是就能和平相处了呢？

既然有不同类型的人存在，会让人际关系变得麻烦，那就让全世界的人都跟自己是同一个类型好了。

这样一来，所有人都跟自己有相同的想法，全世界都能和平相处，也不会再有战争。但是，这样真的好吗？

你喜欢什么，全世界的人就喜欢什么；你讨厌的事，全世界的人都讨厌。医生、老师、建筑师、运动员、蛋糕师、维修工、农民、渔夫、模特、博主，所有的工作都要由这群和你拥有同样能力与个性的人完成。

这种世界真的能够成立吗？

正因为有心灵手巧的人、擅长计算的人、跑步很快的人、精通厨艺的人……有各式各样的人，世界才能顺利地运作。

如果全世界的人都是同一个类型，那会怎样呢？

或许人类会跟爱尔兰的马铃薯一样，一不小心就要灭绝了。

特立独行不等于"有个性"

我们常会听到"个人风格"的说法，这往往意味着与众不同、特立独行。然而，个性不是特立独行，也不是奇装异服，更不是去破坏规则或常识。

每个人都拥有个性，所有人都具有与生俱来的个人风格。

只不过，很多人都以为，要有个人风格，就必须做出跟一般人不同的行动。但是，特立独行并不是个人风格。

保持个人风格，要认同原本的自我，但这不代表就能为所欲为。

例如，有些人认为"不想读书是个性""调皮捣蛋也是个性"，但不读书或调皮捣蛋并不是个性，而是一种行为。

我们既是充满个性的存在，同时也是人类，身为人类就必须遵守规则，学习人类社会必要的知识。保持原本的自我，并不意味着可以永远保持出生时的状态，不去学习写字或九九乘法表，也不意味着可以随心所欲做坏事。

个性是为了生存而被赋予的能力，也是你赖以生存的武器。

即使和大家穿着相同的制服、排着整齐的队伍，你也不会因此丧失个性；恰恰相反，正是在这样的环境中，个性才能闪耀出独特的光芒。

个性就是"独一无二"吗

诞生在这个地球的你，有着世上独一无二的个性，没有任何人和你相同。

就像每个人都有不同的长相，可能有人长得很像，但绝不会完全一样。

只不过，世上有几十亿人，人类也绵延了数百万年，真的不会出现完全相同的个性吗？

多样性是怎么产生的呢？

让我们先从最单纯的结构来思考。

我们的特征都是由基因决定的。据说人类有大约 25 000 个基因,这 25 000 个不同的基因,可以创造出各式各样的特征。

基因会与蛋白质共同组成染色体,人体内含有 46 条染色体,而染色体都是成对出现的,所以人类有 23 对染色体。

孩子会从父母的每一对染色体里继承其中一条,这些染色体两两成对,最后组成 23 对染色体。

那么,我们可以试着思考一下,这 23 对染色体的不同组合能创造出多么丰富的多样性。

首先,第一条染色体从父母其中一方的两条染色体中选择一条;第二条染色体也是从两条中任选一条。也就是说,第一条染色体与第二条染色体会有 2×2,共 4 种组合;第三条染色体也有两个选择,累积起来就是 2×2×2,共 8 种组合。以此类推,23 条染色体则会产生 2×2×2……也就是 2 的 23 次方,一共约有 838 万种的选择组合。

当然，还不止如此。

这只是从父母其中一方的两条染色体中任选一条的组合。孩子的染色体各有一条继承自父母，因此父母双方都要经过这样的排列组合，结果就是838 万 ×838 万，总数超过 70 万亿。

现在全球人口约有 80 亿，但我们仅仅通过改变父母那 23 对染色体的排列组合，就能创造出比全球人口多上约 1 万倍的多样性。

除此之外，每次从两条染色体中选出一条时，染色体与染色体之间还会互相交换一部分，这样一来，就产生了无限的排列组合。

无限的个性

当然，生物创造个性的原理并没有这么单纯。

大家听过 DNA 吗？

DNA 是一种传递遗传信息的物质，用来构成我们的身体，因此被称为"身体的设计图"。

其实，DNA 就是染色体的本体。染色体由 DNA 构成，DNA 的形状就像一条肉眼看不见的螺旋状细线，它通过缠绕或折叠构成染色体。

在父母的染色体进行排列组合时，这些 DNA 经常会突然发生变异，创造出你的父母甚至你的祖先都没有的、只属于你的遗传基因。

往前追溯，你的父母及祖先就像你一样，都是如此诞生在世上，并拥有独一无二的个性。

因此，无论这个地球上有多少人，都没有人可以取代你。无论是在漫长的人类生命历史中，还是现在或者未来，都不会出现和你完全相同的存在。

你所拥有的，是地球历史上独一无二、绝无仅有的个性。

如果你从这个世界上消失，就再也不会出现像你这样的人。

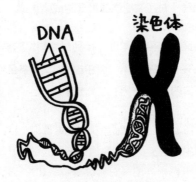

◆ 由 DNA 组成的染色体

如果从这个角度考虑，你所拥有的个性，绝不可能没有意义。就算有人一口咬定你的个性没有意义，从你诞生在这里的概率来看，世上一定会有需要你的个性的地方，所以你也一定能找到你的个性的意义。

绝大部分 DNA 都用来做什么了

构成人体的遗传信息全都被记录在作为"身体的设计图"的 DNA 中。但是，构成眼睛、手、脚这些基本身体构造所需要的 DNA，只占了整体的 2%。

由于人类的 DNA 只发挥出了极少的能力，有研究者认为 DNA 中仍隐含着超乎寻常的潜在能力；也有研究者认为，既然有 98% 的 DNA 根本用不到，那么这代表绝大部分的 DNA 都是毫无用处的废弃物。

但是，最近的研究逐渐揭示了一些真相。这些

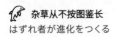
被认为毫无作用的数目庞大的 DNA，其实是用来构成人类各种不同的特质与性格的。也就是说，绝大部分的 DNA 都被用来创造我们的个性。

眼睛的存在很重要，拥有手脚也很重要。但若从 DNA 的数量来思考，人类为了创造出差异及个性，可是耗费了数量庞大的 DNA。

对人类的生存来说，个性的重要性显然超乎我们的想象。

除了自己，我们成为不了别人

我在前面讲过，这个世界上没有人和你具备相同的个性。

真的是这样吗？那同卵双胞胎呢？

同卵双胞胎是由具备相同 DNA 的受精卵分裂而成的，因此所有的 DNA 都一样。如果是同卵双胞胎，世上就有两个人拥有完全相同的基因。

但是，创造个性的不止 DNA。

生物的身体会随着环境的变化而改变，即使两个生物拥有相同的 DNA，其中摄取了大量食物的那个也会变得更高大，生活在寒冷地区的那个会变得更耐寒。记录在 DNA 上的设计图并非永久不变，当中的指令会使 DNA 根据环境的需要随机应变地调节身体，有时在环境的刺激下，还可能激活过去没有发挥作用的 DNA。

这说明个性会在很大程度上受到环境的影响。

例如，同卵双胞胎的指纹并不一样，据说这是受精卵分裂后，在妈妈肚子里的位置有些微不同而造成的。所以，就如同指纹一般，即使是同卵双胞胎，当他们从妈妈肚子里生出来的时候，就已经拥有不同的个性了。

这一点些微的差异，会创造出不同的个性。而且，出生之后，他们也不可能永远处在一模一样的环境中，所以即使是同卵双胞胎，也会逐渐发展出相异的个性。如果连 DNA 完全相同的同卵双胞胎

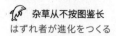
都是这样，不是同卵双胞胎的你就更是如此了。没有人能够拥有和你一样的个性。

你是这个世界上独一无二的存在，即使在这个广袤宇宙的某个角落里存在着外星人，你也仍是这个宇宙中独一无二的存在。

你天生就是独一无二的人。

无论你多么努力，都不可能成为别人。

你只会是你自己，也只能做你自己。

那么，作为这个宇宙中独一无二的人，你究竟是什么样的存在呢？你又能做些什么呢？

"自我"究竟是什么？

这是非常困难的问题，我们在后面的第 5 课中再来思考吧！

课后小结

你天生就是独一无二的人

自然界没有正确答案，所有生物都有"遗传多样性"。人类的世界也同样如此。我们有着不同的长相、不同的性格、不同的思考方式、不同的感受和想法，还有各自擅长做的事。

生物的"个性"是 DNA 的无限排列组合，也是生存所需的能力和武器。DNA 中有很大一部分都被用于创造我们的"个性"。个性是生物为了生存下来而创造的策略。没有不必要的个性，也没有完全相同的个性，你一生下来，就已经独一无二。

每个生命都只会是自己，也只能成为自己。即使和大家穿着相同的制服、排着整齐的队伍，你也不会因此丧失个性；恰恰相反，正是在这样的环境中，个性才能闪耀独特的光芒。

はずれ者が
進化をつくる

生き物をめぐる
個性の秘密

第 2 课

什么是 "普通"

世界上不存在普通的相貌，

　　哪里都没有普通人，

　　哪里都没有不普通的人。

无论在世界上的哪个角落，

都找不到所谓的"普通"。

人类最怕"很多"，最讨厌"不一致"

我们在第 1 课中提到，生物很重视各自的差异性，也就是要有各式各样的类型。

之前也说过，有各式各样的类型叫作"多样性"。

最近常听到有人说起"文化的多样性""具备多样性的社会"，但越是强调"多样性"很重要，就越代表这件事在过去受到严重的忽视。

人类说"多样性很重要"，但人类真的理解什么是"多样性"吗？

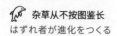
虽然人类认为"多样性很重要",但人类的大脑其实不擅长处理"很多的状态"。因此,即便觉得"个性很重要",却还是讨厌"不一致",人类总是想"尽可能统一"眼前的事物。

因此,人类的世界往往会倾向于同质化。

为什么会这样呢?

优秀的大脑能记住几个数字

请大家记住下面的数字,时间是 5 秒。

◆ 257

如何呢？是不是有点太简单了？那么，下面这些数字呢？时间也是 5 秒。

◆ 29158

这也很简单吧？那么，接下来的数字呢？时间同样是 5 秒。

◆ 74315329

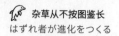
记得起来吗？

最开始的两组数字，应该很容易就能记住。

但是到了第三组，突然就变难了吧？

好，现在请问：第三组一共有几个数字呢？

答案是 8 个。

仅仅只有 8 个。

人类可是发明了计算机的超级天才，如此优秀
的大脑，一定能处理几百个、几万个，甚至是几亿
个庞大的数字，我们深信这一点。

事实上，我们的大脑连两只手就能数清的数字
量都有点难以把握。

这是因为人类的大脑本质上就不擅长处理"很
多"的情况。

人类用这个方法理解"很多"

人类的大脑不擅长处理"很多"的情况。

不过，有一个好方法。

如果是这样呢？

◆ 59321437

把原本散乱的数字排成一列，就更容易记忆了吧！

接着，再整理一下。

◆ 12334579

　　这次，我们把数字从小排到大。这样一来，我们就会发现这串数字有很多特点，比如有两个"3"，从"1"到"9"里没有出现"6"和"8"等。

　　像这样排成一列、理出顺序，人类的大脑才更容易理解"很多"的问题。

　　人类的大脑非常喜欢排成一列、理出顺序。

　　学校里学生的成绩不也是这样吗？

"数值化"和"分类",
这些"尺度"令大脑安心

　　下面这幅图中有很多蔬菜。这么多的蔬菜,让人的大脑一片混乱。

◆ 未排序的蔬菜

　　那么,我们来帮蔬菜排一下顺序吧!

　　怎么排列比较好呢?

　　就按照你的喜欢程度排吧!

　　问题是,选出最喜欢和最讨厌的蔬菜还算容易,全都要排名就有点难了。

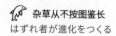
那么，按照颜色的顺序来排呢？

红色的西红柿排第一个，白色的萝卜排最后，但其他颜色的蔬菜要怎么排呢？

到底要怎么做，才能帮这些蔬菜排序呢？

不如我们就按照长短来排吧。

◆ 按长短排序的蔬菜

原来如此，这样就简单了。

最长的蔬菜是什么？白菜应该排在第几位呢？

这样的排序方式可以让人类的大脑感到满意。

按照长短排序之所以简单，是因为长度是一种能用数字呈现的测量标准。

按照喜欢程度排序也一样。如果把它变成一个"你最喜爱的蔬菜是什么"的问卷调查，也能够很容易排序，因为投票数也是数字。

"有魅力""美味度"等原本无法比较或者没有必要比较的标准，也能用问卷或投票排出顺序，甚至连无法比较的颜色，通过鲜明度或饱和度等标准数值化之后，就有可能用这些数值排出顺序。

其实，在自然界是不存在顺序的。将红色的圆形西红柿与白色的长条形萝卜比较，一点意义也没有。但是，人类的大脑无法理解"有很多不一样的东西"。自然界过于复杂多样，已经超出大脑所能理解的极限。

于是，人类的大脑只能通过数值化和排序，努力去理解这个复杂多样的世界。**人类给所有的东西打分数、排顺序或分好坏，再互相比较，这样大脑才会安心。**

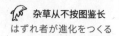
人类随时都想比较，即使没有任何意义，也还是想比较。这就像是大脑的坏习惯，人类自己也无可奈何。

不比较就无法理解，这是人类大脑先天就有的局限性。

只是，大脑的判断并不总是正确。

我们必须记住，自然界其实不存在排序或优劣之分。

强迫"不一致"变成"同质化"

第 1 课刚开始时，我说过杂草很难培育，原因是杂草不会按照计划长出来。这个计划，当然是"人类的计划"。

从杂草的角度来看，它们根本没有必要按照计划生长。会因为不符合期望而大惊小怪的，只有身为人类及植物学者的我。

对杂草来说，它们就算不发芽也无所谓，这种不一致的生长状况，才是杂草重视的价值。只不过，这会让我觉得有些困扰。我希望能按照自己的计划培育杂草，为了方便实验，我更希望它们不是杂乱无序地各自发芽，而是生长得更有秩序。

只是说到底，杂草一点也不想被人类培育，更别说是被我们拿来做实验了。杂乱无序不会让杂草困扰，受到困扰的是想管理它们的人类。

我们的世界里有许多管理者，学校里有老师，公司里有老板。

虽然每个人都认同"不一致"的价值，但是管理起来真的很吃力，所以人类才会想把不一致的事物尽可能整理起来。人类允许"不一致"的存在，但还是会设置一定程度的标准，以免过于杂乱无章。

看看人类改良培育的植物就知道了。

自然界的植物跟杂草一样，都是杂乱无序地自由生长，不然无法适应各式各样的环境，这种"不一致"对它们来说是有价值的。

但是，人类所栽培的蔬菜或农作物，却一点也不杂乱无序。

无论是发芽时间、蔬菜大小或是农作物的收获时间，要是毫无规律，会造成很大的麻烦。因此，人类开始不断地改良蔬菜或农作物，让它们尽可能保持一致。

而保持一致就需要制定标准。例如，以长得更大、产量更多作为蔬菜及农作物的评判依据，从中选择优良的品种。于是，农作物就更加趋向于"同质化"，就像工厂里的工业产品一样被生产出来，再被装箱出售，最终井然有序地陈列在货架上。

生物本来就"不一致"，强迫将"不一致"的东西变得"一致"，必须付出很大的心力。努力到最后，人类的确大大提升了统一各种生物的技术，但在过度追求"一致"的过程中，可能忘记了"不一致"原本存在的价值。

"平均值"的真正作用是……

自然界有各式各样的生物，没有所谓的优劣之分，因为"不一致"本身就具有价值。就算明白这个道理，但当我们试图理解现实时，大脑就会产生混乱。大脑总是想用最简单的方式理解事物的全貌，这已经超出它的能力范围。

我们的大脑会尽可能将事情简单化，以便更好地理解。单纯按照数值排序还不够，就像之前说过的，我们的大脑不擅长处理"很多"，可以的话，最好有两个东西相互比较，像是哪一个比较大、哪一个比较小，能够这样判断才会更安心。

◆ 哪一个最大

◆ 哪一个更大

就因为如此，人类创造出来的事物才会这么"平均"。

将很多东西整合起来，制定出"平均"的标准，再将所有的东西跟平均值比较，判断哪个比较大、哪个比较小，哪边比较长、哪边比较短。

比如，现在有两种马铃薯。

将 A 品种的五个马铃薯拿来称重，分别是 20 克、80 克、110 克、60 克和 280 克。

将 B 品种的五个马铃薯拿来称重，分别是 50 克、140 克、40 克、120 克和 150 克。

那么，A 和 B 哪一个品种比较大呢？

对人类来说，直接拿几个不一致的数字做比较，并非易事。充满个性的生物群体，既不平均也不一致，使人类无法简单地理解它们。

因此，为了简单地对群体进行比较，人类就创造了"平均值"。

在刚才的举例中，A 品种的平均重量是 110 克，B 品种的平均重量是 100 克，所以 A 品种更大。

但是，结果真的是这样吗？

A 品种中有比 B 品种更小的马铃薯；B 品种中也有比 A 品种更大的马铃薯。

所谓的平均值，只是人类为了便于管理，用某个尺度单位进行测量和加减乘除后得到的数值。

马铃薯的重量本来就不一致。如果仔细观察，会发现 A 品种有重达 280 克的大马铃薯，也有才 20 克的小马铃薯；B 品种当中大的马铃薯是 150 克，小的则是 40 克。

说实话，将 A 品种和 B 品种进行比较，本身就没有任何意义。

自然界参差不齐的意义

虽然自然界追求参差不齐的状态，但是处于平均值的生物，通常都会成为数量最多的多数派。

大家都知道，自然界的生物特性大多呈现出一种名为"正态分布"的特点。

确实，观察正态分布的图表，会发现位于中间平均值的个体数量往往都是最多的，越远离平均值，数量就会越少。

就像蒲公英的花大都是黄色，如果平均值足够优秀，每个个体都会渐渐朝平均值靠近。

但是，如果所有的个体不倾向于平均值，而是呈现较大差异的状态，就代表这样的参差不齐具有特别的意义。

实际上，处于平均值的个体也不总是数量最多的。以杂草的高度为例，如果想跟其他植物竞争，杂草就会努力长得很高；如果想要避开竞争，杂草就会刻意长得矮一点，这些都是杂草的生存战略。

最不利的状态是不高不低，无论怎样都赢不了，所以杂草的高度分布就会呈现双峰型。

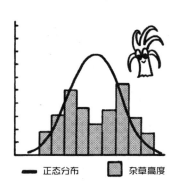

—— 正态分布　　　杂草高度

◆ 双峰型杂草高度分布图

"普通"是一种幻想

我们通常会把接近平均值的个体称为"普通"。

为什么我们的大脑偏爱"普通"?

 　　就像之前提过的，人类的大脑不擅长处理复杂状况，多样性只会造成困扰。

　　人类无法直接理解这个复杂又多样的世界，因此我们会尽可能将事物简化、整理，再尝试理解。我们还会尽可能地对不一致的事物进行总结。

　　经过整理、总结之后，人类的大脑才能真正理解事物。

　　这样的大脑有一个很喜欢的词——"普通"。

那么，"普通"又是什么呢？

我们会说"普通人"，那到底是什么样的人呢？

我们也会说"不普通"，那又是什么意思呢？

自然界没有平均值。

"普通的树木"有多高?"普通的杂草"又是哪种杂草?

被踩踏仍然能存活的杂草和没有被踩踏的杂草,哪一种更普通呢?路旁有许多杂草一直被踩踏,它们就不普通了吗?

之前说过,在生物的世界里,"不同"才有价值,甚至可以说,所有生物都努力让自己变得"与众不同"。

因此,我们才有了这样一个多样化的世界。在这个世界里,从来没有两个长相相同的人。

每一个生物都是完全不同的,既没有"普通的个体",也没有"平均的个体"。反过来说,也不存在不普通的个体。

> **POINT**
>
> 世界上不存在普通的相貌,哪里都没有普通人,哪里都没有不普通的人。无论在世界上的哪个角落,都找不到所谓的"普通"。

为什么生物要刻意制造"异类"

前文说过，"平均值"十分有助于人类理解复杂的自然界，所以人类很重视平均值，尤其喜欢用它来做比较。由于太过重视平均值，一旦有偏离平均值的事物出现，就会觉得它非常麻烦。

大家的数值全都朝平均值靠近，只有一个数值孤零零地处在边缘，怎么看都很奇怪。更何况，这个孤零零的数值还可能影响到极为重要的平均值。

于是，做实验的时候就会主动消除这些偏离平均值太远的"异类"，以免影响实验的结果。

消除异类，会让平均值在理论上变得更加正确；没有了数值过低的异类，平均值可能还会上升。就这样，为了平均值这种自然界根本不存在的数值，异类遭到了人类的消除。

真实的自然界根本没有平均值，也没有"普通"，有的只是各式各样的生物共存同在的"多样性"而已。

生物喜欢参差不齐、不一致，总是刻意地创造出远离平均值、看似异类的个体。这是为什么呢？

自然界没有正确答案，所以每个生物都在努力地做出各种解答，持续创造多样性。一旦条件不同，人类眼中认为的异类，说不定就能发挥优秀的能力。

曾经，当生物面临前所未见的巨大环境变化时，最后能适应并存活的，都是那些远远偏离平均值的异类。

然后，原本被称为"异类"的个体成为新的标准，而在这个由异类创造的群体中，又诞生了更能适应新环境的新异类，逐渐成为与过往时代的"平均值"完全不同的存在。

事实上，生物的进化就是这样发生的。

由于进化都是在漫长的历史中发生的，所以很遗憾，我们无法观察到整个进化过程，但有一些例子可以证明，确实是"异类"创造了进化。

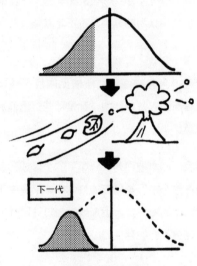

◆ "异类"如何创造进化

例如，有一种名为桦尺蠖的白色蛾类，会停在白色的树干上隐身，但有时也会出现黑色的桦尺蠖。在一群白色的桦尺蠖中，黑色的桦尺蠖就是异类。

然而，当城市建起了工厂，树干被工厂烟囱的烟灰熏黑时，黑色的桦尺蠖变得不显眼，也因此逃过鸟类的捕食存活下来，逐渐形成了黑色桦尺蠖的群体。

栖息在新西兰的鹬鸵是一种不会飞的鸟，这听起来有些奇怪。实际上，鹬鸵的祖先据说是会飞的，只是后来出现了不擅长飞行的个体。明明是鸟类却不会飞，那可真的是异类了。

但是，新西兰没有捕食鹬鸵的猛兽，它们不必靠飞行逃命，而不擅长飞行的鹬鸵因为很少飞翔，消耗的能量比较少，也不必吃太多食物，节约下来的能量还可以用来生更多的蛋。

就这样，这些不擅长飞行的"异类"生下了更多不擅长飞行的后代，最后进化成了完全不会飞的鸟。

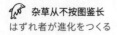
　　再举另一个例子，腕龙是一种全长超过 25 米的巨大恐龙，但它的亲戚欧罗巴龙只有一匹马那么大。同样属于腕龙家族，欧罗巴龙的体型也太小了。

　　根据研究，欧罗巴龙的祖先原本也是巨型恐龙，但它们在食物短缺的岛屿上发生了进化，当时只有体积小的欧罗巴龙能够存活下来，所以它们最后才进化成了小型恐龙。

◆　在进化中变小的恐龙——欧罗巴龙

"不一致"对生物才更有利

人类创造的事物都是整齐划一的。

如果一打铅笔的数量各不相同的话,那就太麻烦了。

要是每根尺子上 1 米的刻度各不相同的话,也很让人困扰。

人类在多样的自然界里奇迹般地创造出了一个整齐划一的世界。

但是,自然界本就是参差不齐的。

自然界里的不同之处有其意义。

你和我绝不会是相同的。比如,我们跑步的速度是不同的,有的人跑得快,有的人跑得慢。如果是运动会,跑得快的孩子会拿第一,跑得慢的孩子就成了最后一名。但也仅此而已。

从自然界的角度来看,这当中没有优劣之分,只是"不一致"而已。

只有人类喜欢评判优劣之分，但对生物来说，这些"不一致"才更重要。有的孩子跑得快，有的孩子跑得慢，这种参差不齐的情况，对生物来说才最有利。

然而，因为大脑喜欢简单的事物，人类一直努力创造同质化的世界，有时却忘了生物其实是不一致的，最后甚至开始排斥不一致的存在。

可以测量的与无法测量的

我们生活在人类的社会，所以不能忽视人类制定的尺度，遵守这些尺度也是很重要的事。

在当今社会里，每个人都要接受教育，能在考试中取得高分、以优异的成绩升入名校的人，才会受到赞扬。

在大家都热衷运动时，能成为一流运动员、取得优秀的成绩、表现出精湛技能的人，才会受到尊敬。

当每个人都想成为有钱人时，能在工作上获得优渥收入，才能得到好的评价。

但是，这并不意味着人类有优劣之分。

人类制定的尺度很重要，但更重要的是，不能忘记在这些尺度之外，还有其他更多的价值。也就是说，一定要重视"差异"。

习惯用"尺度"衡量所有事物的大人们可能会说：

"为什么不能跟大家一样呢？"

统一的事物更便于管理，不一致则有碍管理，所以大人们希望孩子们保持一致。

但是，大家拥有不同的能力，这些"差异"才是最重要的。

请重视每个人的差异。

也许，当孩子们长大并进入社会的时候，大人们可能会反过来说：

"为什么你只能做跟大家一样的工作呢？"

"一定要想出跟别人不一样的创意。"

课后小结

不同之处有其意义

人类最怕"很多"和"不一致",人类总是想"尽可能统一"眼前的事物,所以会尽可能将事物排序、比较、同质化。

然而,自然界是没有顺序、不分优劣的,在生物的世界里,"不一致"才有价值,所有生物都拼命发展出自己的"与众不同",每一个生物都是完全不同的存在。

人类的大脑偏爱"普通"和"平均值"。但真实的自然界根本没有"平均值",也没有"普通",有的只是各式各样的生物共存同在的"多样性"而已。

生物喜欢参差不齐、不一致,总是刻意地创造出远离平均值、看似异类的个体。而在面临巨大的环境变化时,正是这些"异类"适应了环境,延续了进化。

我们生活在人类的社会，遵守人类制定的"尺度"固然重要，但更重要的是，不能忘记在这些尺度之外的"差异"的价值。

はずれ者が
進化をつくる

生き物をめぐる
個性の秘密

第 3 课

什么是 "区别"

海豚和鲸鱼之间根本没有明确的界限，

　　是人类强行在两者之间做出区分，

　　　然后说"这是海豚，那是鲸鱼"。

其实，"区别"并不存在

第 2 课说到，人类的大脑为了理解自然界，会通过分析、整理去进行比较。

为了比较，人类发明了"平均值"和"普通"这些方便理解的概念。

但是，自然界根本就不存在什么"平均值"或"普通"。

除此之外，为了便于理解，人类还发明了其他自然界没有的东西。

那就是"分界线"。

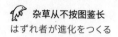
比如，大家居住的省份就有"省界"。地图上也标明了省界，公路通过省界时也会有相应的省界标识。

但是，地面是相连的，你所居住的省份与相邻省份之间并不存在真正的边界。只是为了方便，人类划定了省界，用来区分自己所在的省份和相邻的省份。

富士山的边界在哪里

大家去过富士山吗？

说到富士山，大家可能会想到日本的静冈县或者山梨县。但是，富士山的山麓绵延广阔，就算查阅地图，也看不到从哪里开始算是富士山的边界。

我们人类都是白天醒着，夜晚睡觉。

那么，白天到何时为止，夜晚又从何时开始呢？

はずれ者が進化をつくる

到底从哪里到哪里，才算是富士山呢？

富士山没有确切的边界。

这代表富士山可以无限延伸到天涯海角。

东京和大阪位于富士山所连接的大地上，应该也算是富士山的一部分；不止如此，富士山的山麓一直延伸到了海底。只看地形的话，也可以说富士山与北海道或冲绳都有连接，甚至可以说它越过了太平洋，与美洲大陆相连。

单纯看富士山，它就是富士山，但谁都不知道富士山的边界到底在哪里。

白天和夜晚明显不同，但白天不会突然变成夜晚。地球匀速旋转，时间也匀速流逝。

白天和夜晚之间，还有傍晚和清晨等时间段。比如，太阳在傍晚渐渐落下，夜幕也慢慢从东方的天空升起。白天、傍晚和夜晚之间，没有明确的分界线。

但是，这样实在很不方便，所以我们将太阳落山的时刻定为日落，用来区别白天和夜晚。

另外，天气预报将 15 点到 18 点之间的时间段称为傍晚，将 18 点到第二天的 6 点之间的时间段称为夜晚。

尽管白天和夜晚之间并没有明确的分界线，但为了方便起见，我们创造出了分界线。

对人类来说，有了分界线真是方便很多。

鲸鱼和海豚哪里不一样

大家知道鲸鱼和海豚吗？

鲸鱼和海豚都是栖息在大海里的哺乳动物。

那么，大家知道鲸鱼和海豚有哪里不一样吗？

"鲸鱼很大，海豚很小。"

其实没有这么简单……我很想这么说，但其实这或许也是正确答案。

如果以肉眼进行区分，我们会将体长小于 3 米的称为海豚，将体长大于 3 米的称为鲸鱼。

◆ **鲸鱼和海豚**

有人可能会想：就这么简单吗？

在我们人类的肉眼看来，鲸鱼和海豚其实没有太大的不同，真想要区分它们，我们也只能从大小来区分。

而我们人类所做的分类，有时看起来也十分肤浅。

水族馆里的领航鲸，在图鉴里的正式分类是海豚科，却被称为领航鲸。那它到底是鲸鱼还是海豚呢？

若按照大小来区分，领航鲸被归类为鲸鱼；但是在正式分类中，它却与一般的海豚同属于海豚科。明明是海豚，却被归类为鲸鱼。

就连小朋友都知道，鲸鱼和海豚不一样。

结果，专家们费尽心力做出来的分类，反而让人感到莫名其妙。

猿猴是怎么进化成人类的

据说人类的祖先是猿猴的近亲，那猿猴的近亲最后是怎么进化成人类的呢?

是某天早上醒来,猿猴就突然变成人类了吗?这不太可能。

是猿猴妈妈哪天忽然生下了人类宝宝吗?这当然也不可能。

是无数漫长的世代交替,才让猿猴逐渐进化成了人类。在这个过程中,并没有明确的分界线。

河流有上游、中游和下游之分。那么,河流从哪里开始算是上游,从哪里开始算是下游?河流没有明确划分上游、中游和下游的分界线。同样,人类和猿猴之间也没有明确的分界线。

我们认为,黑猩猩与人类有共同的祖先,人类与猿猴祖先之间没有分界线,黑猩猩与猿猴祖先之间自然也没有。也就是说,人类与黑猩猩之间一样没有分界线。

但是,人类与黑猩猩明显不同,两者之间真的没有分界线吗?

生物是可以分类的吗

人类与黑猩猩明显不同。自然界存在着各种各样的生物，对生物进行分类的学科就是分类学。

比如，小朋友都知道狗与猫不一样。狐狸长得跟狗类似，所以把狐狸归类于犬科；老虎、狮子都跟猫类似，所以就把它们归类于猫科。分类学就是通过这样的方式，对生物进行分类和整理。

狗、猫、狐狸、老虎和狮子，是按照"物种"进行分类的。狗和猫属于不同的物种。

"物种"被定义为"具有一定的形态、特征"的生物群体，不同群体的形态和特征有一定区别。狗之间就有共同的特征，但狗和猫有着不同的外观。

不同物种之间存在生殖隔离。也就是说，狗会生出小狗，不会生出小猫。而且，狗只能和狗繁殖后代，猫也只能和猫繁殖后代。

那么，植物呢？

　　蒲公英和郁金香明显不一样。但是,如果更仔细地分类,会发现蒲公英中存在着很久以前就生长在日本的蒲公英,以及后来从海外传入的药用蒲公英;再分得更细一点,日本蒲公英还可以分成主要分布在日本东部的关东蒲公英,以及主要分布在日本西部的关西蒲公英等各式各样的种类。

　　那么,关东蒲公英和关西蒲公英真的是不同物种,还是只是生长的地方不一样呢?

　　研究人员对这个问题的看法不一。

　　前面跟大家介绍过,物种分类的依据是彼此间是否存在生殖隔离,还举了狗与猫做例子。但是,植物的情况就不如动物那么简单明确了。

　　例如,药用蒲公英与日本蒲公英在分类上是两个物种,但大家都知道它们可以相互杂交;不止如此,它们所杂交出来的后代,还能与药用蒲公英及日本蒲公英继续杂交。这么看来,药用蒲公英与日本蒲公英算是同一个物种,还是仍然是不同的物种呢?

虽然"物种"的定义应该是用在像猫和狗那样，不会出现杂交的情况，但植物却普遍进行着不同物种相互交配的"种间杂交"。

所以，分类学也只能做到这种程度。连"物种"这个生物分类法中最基本的单位，在分界上都如此模糊不清，其他分界又有多少意义呢？

直到今天，专家们都还在为物种的概念争论不休，而提出进化论的查尔斯·达尔文（Charles Darwin）曾经留下这样一句话：

试图分开那些本来无法分开的东西，就是我们失败的根源。

蒲公英、蝴蝶和我

就像人类与黑猩猩有共同的祖先，哺乳动物、鸟类、爬虫类及两栖类也都是从有脊骨的脊椎动物祖先进化而来的。再往前追溯，我们会发现各式各样的生物都是由共同的祖先进化而来的。

我们可以像追溯河流的源头一样追溯进化的长河。沿着进化的长河，从下游到中游，再从中游到上游，这中间没有任何分界线，我们能一直追溯到生物共同的起源、最初的祖先，也就是小小的单细胞生物。

也就是说，作为祖先的单细胞生物和我们人类之间，其实没有任何分界线。这个"最初的共同祖先"被称为"卢卡"。① 有一种科学假设是现今地球上所有的生物，都是由这个小小的单细胞生物进化而来的。

人类与猿猴祖先之间没有分界线，由共同祖先分支而成的人类与黑猩猩之间也没有分界线。从这个角度思考，由"卢卡"进化而来的人类、狗、猫，甚至是蒲公英，彼此间都没有明确的分界线。

自然界没有分界线。

————————

① 英国布里斯托大学领导的国际研究团队比较了生物物种基因组中的所有基因，揭示了这一共同祖先的生物学特征。该研究还令人震惊地展示了卢卡拥有免疫细胞并受过病毒攻击。——编者注

因此，存在于自然界的所有生物，也没有明确的分界线。

只不过，人类虽然能理解自己与蒲公英之间没有分界线，但仔细一想又会觉得有点别扭。

就像杂乱无章的房间让人感到不安一样，没有了分界线的自然界也会让人类的大脑感到极度不安。

所以，人类创造出了分界线，给人类、猿类、蒲公英等生物命名并做出区分。

只有这样做，人类的大脑才能获得安宁。

"比较"会蒙蔽真实的样貌

其实，划定界限、做出区分并不是什么坏事。

一旦没了分界线，人类的大脑就会变得不安，理解力也跟着变差。

◆ 自然界没有分界线

就算只是模糊的分界线，也比没有要好。

有了分界线之后，复杂的自然界就会变得更容易理解。

为自然界制定规则、划定界限，并对事物进行区分和整理，是一项非常优秀的能力。人类就是这样发展出高度的文明和先进的科学的。

但是，人类的错误在于，在本来没有界限的地方强行划定界限，并满足于此。更甚的是，他们还要比较所划分的事物，评出高低贵贱、排出名次。

我们确实能通过比较了解很多事情，但也会因此被蒙蔽双眼，看不清事物本来的样貌。

举例来说，矮种马是一种很可爱的小型马。但是，和狗相比，矮种马的体型就大得多了。在大人眼中，矮种马或许很可爱，但是从小孩子的角度来看，矮种马仍然是需要抬头仰望的可怕动物。

那么，矮种马到底应该算大还是小呢？

◆ 矮种马到底有多大

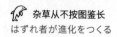
其实，矮种马既不大也不小，它就是矮种马。只有人类拿它来进行比较时，才会开始出现"大"或"小"的问题。

再打个比方，你考试考了 80 分很开心，但是一看到朋友也因为考了 80 分很高兴，自己的喜悦好像就打了折扣。要是朋友考了 100 分，你还可能莫名地沮丧起来。

考了 80 分的价值，不应该因为朋友考了几分而改变，人类的大脑却因为和他人比较，而任意改变了 80 分的价值。

一个人中了 1 万元彩票很高兴，但要是知道跟自己在同一家店买彩票的人中了 1 亿元，就会觉得自己赔了，明明自己也得到了 1 万元。

 POINT

"戒攀比"是佛祖的教诲，也是佛教的基本信条。之所以自古以来就有这样的教诲，就是因为不比较是一件很难做到的事情。

不是要做出"区分"，
而是想制造"差异"

人类的大脑不仅想在没有分界的自然界划定界限、做出区分，还想借此进行比较以分出优劣。换句话说，人类不是要做出"区分"，而是想制造"差异"。

首先，人类的大脑会把自己和他人做比较。

这时，大脑会以自己作为普通的基准，再做出判断。但我们在第 2 课中已经说过，自然界根本不存在所谓的"普通"。

人类将自己作为"普通"的标准，从中区分出"普通"和"不普通"，然后批判与自己相异的人、事、物，对它们做出"差别待遇"。

自然界既没有界限，也没有"普通"。

正如前文提到的那样，人类连狗与猫的区别都无法真正解释清楚，更不用说要区分日本人和外国

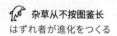
人了。况且，人类真的会因为肤色而有所差异吗？

除此之外，人类社会中也有"残疾人"和"健全人"的区分，但世上原本就不存在身体完全正常的人，也不存在身体每个部位都有障碍的人。

就算是大人和小孩，也不存在明显的分界线。小学生与中学生只是上的学校不同，并不存在本质上的不同。小孩的身高也是一天天增长，而不是突然某天就长成了中学生的身体。

彩虹有几种颜色呢？

一般认为，彩虹有红、橙、黄、绿、蓝、靛、紫这七种颜色。

但是，美国人及英国人却认为彩虹有六种颜色，德国人和法国人则觉得彩虹只有五种颜色。

不管有几种颜色，彩虹的最外侧都是红色，最里侧都是紫色。

红色和紫色明显不同，但是我们很难确定红色到哪里为止,紫色又是从哪里开始。彩虹是从红色渐渐地变成紫色的。只是这样太难理解了,于是人类的大脑就在这当中自行划出分界线,把彩虹分成七种颜色或六种颜色。

彩虹其实没有分界线,所有的颜色彼此相连。

自然界也是如此,许多事物相互连接,没有界限。

自然界珍惜这些"差异"。

"有各种不同的存在"才是真正的美

人类的大脑发展出了化繁为简的能力,能够将各种各样的事物划定界限、做出区分。

而人类也是多样化的生物之一。

虽然人类的大脑不擅长理解"各种各样",但并不讨厌"各种各样"。

插在花瓶里的一枝花儿固然美丽，但我们更容易被田野山间盛开着的五颜六色的花儿打动心灵。

就算大脑无法理解，人类也会不由自主地感受到它们的"美"。人类其实也知道"具有多样性"的世界有多美丽。

去花店看一看，也能看到五颜六色的鲜花。

正如前文提到的那样，在自然界，花朵的颜色在某种程度上是固定的。蒲公英是黄色的，堇菜则是紫色的。花朵的颜色是吸引昆虫的重要标志，所以不会有个性。

尽管如此，但人类仍然觉得五颜六色的花朵更美。

因此，人类创造出了各种各样的花色。

生长在野外的蒲公英只有黄色这一种颜色，但与蒲公英同属菊科的园艺品种——多头菊，不仅有黄色，还有白色、紫色、粉色、红色等颜色。

此外，同属堇菜属的三色堇也一样，除了紫色，还有白色、黄色、橘色、红色等各种各样的颜色。

这是因为人类创造出了各种颜色的花。

百花齐放是美妙的，也是美丽的。

这才是最重要的。

你听过近藤宫子作词的童谣《郁金香》吗？

绽放了，绽放了

郁金香的花儿

一列列，一排排

红色、白色和黄色

每朵花儿都很美

红色、白色和黄色，不存在哪种颜色最美。

每朵花儿都很美。

五颜六色的花儿摆放在一起才最美。

自然界没有分界线

在大自然中，许多事物相互连接，本没有分界线。我们找不到精准定位富士山的分界线，我们的肉眼也只能通过体长来区分鲸鱼和海豚。

但人类创造出了分界线，给人类、猿类、蒲公英等生物命名并做出区分。只有这样做，人类的大脑才能获得安宁。然而，人类错在不该强行划出分界线，更不该对事物做出比较、评出高低贵贱、排出名次。

人类也是多样化的生物之一，虽然人类大脑发展出了化繁为简的能力，能够将各种各样的事物划分界限并加以区分，但人类大脑仍认为，"有各种不同的存在"才是真正的美。

はずれ者が
進化をつくる

生き物をめぐる
個性の秘密

第 4 课

什么是 "多样性"

就算是蚯蚓，就算是蝼蛄，就算是水黾

我们都在生活着

我们是朋友

地球展现了丰富的多样性

"多样性",就是种类繁多的意思。

相同种类的杂草,有的具备早发芽的特性,有的具备晚发芽的特性。同样是人类这个物种,所有个体都有不同的长相,也有各式各样的个性。

这样的个性称为"遗传多样性"。

此外,自然界也有各式各样的生物。望向天空,有鸟儿在飞翔;看向草丛,有许多昆虫在觅食。

鸟儿有麻雀、乌鸦等形形色色的种类;草丛里

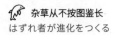
的昆虫也有蝗虫、螳螂或瓢虫等不同种类，蝗虫当中还有飞蝗、中华剑角蝗及负蝗等。

像这样有许多种类的生物存在的状态，就叫作"物种多样性"。

在全世界的动物及植物中，单单已知的种类就有 175 万。这个数量听起来很庞大，但还有更多不为人知的生物存在着。据说，实际上可能有 500 万到 3 000 万种生物在地球上繁衍生息，这就是自然界的"生物多样性"。

真是庞大的数字。地球果然是一颗生机勃勃的星球！

为什么花儿是五颜六色的

我们之前提到过，所有的蒲公英都是黄色的，不具有个性。

比如，有一种蒲公英叫作药用蒲公英，它的花就是黄色的。因为对于药用蒲公英来说，黄色就是最好的颜色。

不过，名字里有"蒲公英"的植物其实有 60 种以上，其中还有一些像白花蒲公英这样开白色花朵的品种。白花蒲公英所有的植株都开白花，不具有个性。对于白花蒲公英来说，白色就是最好的颜色。

一般提到堇菜科的代表植物，都会想到开紫色花的紫花地丁，但它有一个伙伴叫东方堇菜，是开黄色的花；当然，也有开白花的种类，叫作白花地丁。

野生植物大多是这样，依照种类不同而有固定的花色。

既然对大部分的蒲公英来说，黄色是最好的颜色，那么全世界的花朵都变成黄色的不是更好吗？

当然不是了。蒲公英是蒲公英，紫花地丁是紫花地丁，每一种花都有对它们来说最好的颜色。

如果说对于大部分蒲公英来说都是黄色的花最好的话，那又让人觉得好像世界上所有的花都应该变成黄色才对，但事实并非如此。蒲公英有蒲公英的颜色，堇菜有堇菜的颜色，每种植物都有自己最合适的颜色。

那反过来思考一下，自然界为什么要有各种各类的花呢？百花齐放固然很美，但好像有些复杂和麻烦，难道世界上不能只开一种花吗？

为了找出这个答案，我们就观察一下生物们的世界吧！

为什么自然界会有各种各样的生物呢？让我们先来探究一下这个问题。

要当"唯一"还是"第一"

在日文歌《世界上唯一的花》（槙原敬之作词作曲）中，有这样一句歌词：

・━━━━━━━━━━ ● ━━━━━━━━━━・

不做第一也没有关系，
本来就是特别的唯一。

・━━━━━━━━━━ ● ━━━━━━━━━━・

对于这句歌词，有两种完全不同的观点。

一种观点认为，正如这句歌词所说的，成为唯一的、独一无二的自己才是最重要的。并不是只有成为"第一"才有意义。我们每个人都是独特的、有个性的人，这样就足够了。这是一个十分合理的观点。

同时，还有另一种观点。

这种观点认为，我们的社会是充满竞争的，如果我们只是满足于成为独特的人，那么努力也就失去了意义。既然社会中充满了竞争，那么只有以第一为目标的努力才有意义。这样的观点好像也能让人接受。

是珍惜"唯一"就好，还是应该追求"第一"？

你支持哪一种观点呢?

　　其实, 对于这个问题, 生物们的世界早已给出明确的答案了。

只有"第一"才能活下去吗

"只有第一才能活下去。"

在生物的世界里, 这是一条铁律。

日本生物课本里介绍过"高斯假说"[1], 这是一个足以证明"只有第一才能活下去"的生物实验。

"只有第一才能活下去。"

---

[1] 即竞争排斥原理。指亲缘关系密切或其他方面相似的两个物种难以占有相同或相似的生态位, 它们为了争夺有限的食物、空间或其他环境资源, 大多不能长期共存, 除非环境改变了竞争的平衡, 或者两个物种发生生态分离, 否则将会导致一个物种完全取代另一个物种的现象。——编者注

两种草履虫能否共存?

苏联生态学家高斯进行了这项实验,他将两种不同类型的草履虫——大草履虫和双小核草履虫,放在同一个水槽里培养。

然后,发生了什么呢?

一开始,大草履虫和双小核草履虫能够共存,数量都在增加。但慢慢地,大草履虫开始减少,最终消亡不见,只有双小核草履虫生存了下来。

这两种草履虫会争夺食物和生存空间,直到其中一方灭亡为止。

因此,这两种草履虫是无法在同一个水槽里共存的。

这是自然界残酷的生存铁律。

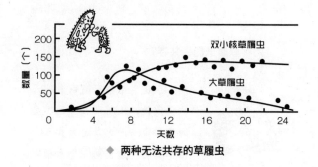

◆ **两种无法共存的草履虫**

　　竞争不止发生在水槽里。自然界原本就是一个弱肉强食、时刻充斥着激烈的竞争及冲突的世界。所有的生物都围绕着"第一"的宝座，拼命竞逐和争夺。

　　令人不可思议的是，自然界却存在着许多不同种类的生物。

　　如果只有"第一"的生物可以存活，整个世界应该只有获得"第一"的这种生物能够生存下来。

　　那么，为什么自然界还是有这么多种类的生物呢？

单看草履虫，会发现自然界有很多种类的草履虫。

如果高斯的实验证明了只有"第一"才能存活，自然界应该跟这个水槽一样，只剩一种草履虫存活下来，其他草履虫都会灭绝。

但是，自然界依旧有许多种类的草履虫存在着。这到底是为什么呢？

自然界有无数的"第一"

其实，高斯的实验还有后续，这个后续提供了解答我们疑问的重要线索。在后续的实验中，高斯更换了其中一种草履虫，将大草履虫和绿草履虫养在一起。结果如何呢？

令人惊讶的是，这两种草履虫都没有灭亡，反而在同一个水槽里共存了下来。这是怎么回事呢？

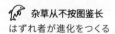
其实是大草履虫和绿草履虫有着不同的生存方式。

大草履虫主要以浮在水槽上方的大肠菌为食，绿草履虫则是以沉在水槽底部的酵母菌为食。所以，它们不需要像双小核草履虫和大草履虫那样相互竞争。

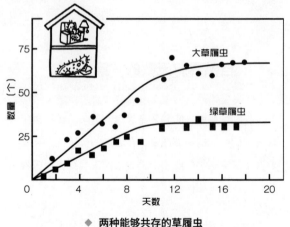

◆ 两种能够共存的草履虫

"只有'第一'才能活下去。"这确实是自然界的最高生存法则。

但是，大草履虫和绿草履虫都以"第一"的身份存活下来了。也就是说，大草履虫是水槽上方的第一，绿草履虫是水槽底部的第一。

即使都在同一个水槽里，还是可以用这种方式分享"第一"的位置。**不需要竞争也能共存，这在生物学中称为"分栖共存"。**

自然界生活着许多生物，这也代表所有生物都在"分栖共存"，分享着"第一"的位置。因此，所有生物都是"第一"。

自然界光是已知的生物就有 175 万种，也就是至少有 175 万个"第一"。而成为"第一"的方法更是数不胜数。

在"唯一"中成为"第一"

"只有'第一'才能活下去"是自然界的一条铁律。

生活在自然界的生物，每一种都是"第一"。无论它看起来多么弱小、多么无趣，都必定在某个地方是"第一"。

成为第一的方法数不胜数。 在这个环境里是第一，在那个空间中是第一，以这个为食是第一，在那个条件下是第一……各种生物分享着第一，才能让形形色色的生物生活在"应该只有第一才能活下去"的自然界。

自然界多么奇妙啊！

自然界虽然有很多很多的第一，但对每种生物来说，它们都有自己专属的领域，只有在那个专属于它们的领域当中才能成为第一。而拥有这样唯一的领域，也就意味着它们拥有世界上独一无二的特征。

也就是说，所有的生物都是第一，也是唯一。

这就是自然界对"是成为第一重要，还是保持唯一重要？"这个问题的回答。

所有生物都有自己的"生态位"

"只有'第一'才能活下去"是自然界的一条铁律。

不过,成为第一的方法有很多。栖息在地球上的所有生物,都具备成为第一的条件。

在生态学里,就把那些能够成为第一的唯一领域称为"生态位"①。

"生态位"的英文是 niche,这个词本来指的是教堂墙上用来镶嵌装饰物的凹槽。就像每个神龛只能放进一尊神像,每个"生态位"也只能存在一个物种。

我们的身边有许多生物,有的看来十分弱小,有的和人类相比显得单调又无趣。但是,所有生物

① 指在生态系统或群落中,一个物种与其他物种相关联的特定时间位置、空间位置和功能地位。它既表示生存空间的特性,也包括生活在其中的生物的特性,如能量来源、活动时间、行为及种间关系等。

都有属于自己的、能够成为第一的"生态位"。

就算是蚯蚓，也在努力生活着

有一首深受日本小朋友喜爱的童谣叫作《手心向太阳》（柳濑嵩作词、今泉隆雄作曲），歌词的第一句是"我们大家都在努力活着"，歌词里还有这样的句子：

───────── ◉ ─────────

就算是蚯蚓，就算是蝼蛄，就算是水黾

我们都在生活着

我们是朋友

───────── ◉ ─────────

无论是蚯蚓、蝼蛄还是水黾，都不是强大的生物，也不是优越的生物。但是，这些生物所占据的"生态位"绝对令人惊讶。

就拿蚯蚓来说，它既不是食肉动物，也不是食草动物。蚯蚓生活在土里，以土壤为食。在所有生活在土里并把土壤作为食物的生物当中，蚯蚓最强大。

也许，没有手和脚的蚯蚓会被认为是非常简单的生物，但我们一般认为蚯蚓的祖先其实有像脚一样用来移动的器官。只是，为了成为生活在土中并以土壤为食的"第一"，它们放弃了脚。

那么蝼蛄呢？

蝼蛄和蟋蟀是同类。虽然地面上有很多种蟋蟀，但没有一种会挖掘洞穴生活在地下，光凭这项能力，蝼蛄就是不折不扣的第一。

那水黾呢？

水黾的"生态位"也很厉害。

因为它们既不生活在陆地之上，也不生活在水中。无论是地上还是水中，都有很多生物。陆地上有很多生物，水中也有很多生物，但是在水面这个范围，水黾是最强的肉食性昆虫。

无论是蚯蚓、蝼蛄还是水黾，全都占据了很厉害的"生态位"。

你可能只是待错了地方

有一种观点叫作"框架理论"。

假如你现在是一条鱼。你在水里可以自在悠游，但是一到了陆地上，就会瞬间陷入拼死弹跳、挣扎的境地。再怎么咬紧牙关努力，你都无法像其他生物那样在陆地上行走。对你来说，最重要的就是找到水。

或者，假如你现在是一只鸵鸟。鸵鸟是世界上最大的鸟类，拥有无比强大的脚力，可以跑得非常快，你粗壮的双腿踢出去的力量，连猛兽都得退避三舍。但是，如果你开始烦恼自己为什么不像其他鸟儿一样在天上飞的话，你就会觉得自己是鸟中的废物。鸵鸟在陆地上才能发挥最大的实力，空中不是它的战场。

也许你会认为自己是个一无是处的人，但真的是这样吗？

或许你只是变成了在陆地上挣扎的鱼，或者憧憬飞向天空的鸵鸟。

所有生物都有得以发挥自我实力、让自己闪闪发光的领域。糟糕的不是你，你可能只是待在了不适合的地方。

因此，最重要的是找到那个可以让你发挥实力的"生态位"。

思考"生态位"：让我们重新找到自己所擅长的

不过，希望大家不要误会，本课对于"生态位"的思考，是针对菜粉蝶或非洲象等基本的物种单位来探讨的。人类这种生物已经在自然界确立了坚实的"生态位"，我们每个人都不需要再去努力寻找。

不过，针对"生态位"概念所做的思考，对于正在个性时代生活的我们，其实有很大的参考价值。

人类将"互助合作"这个形式发展到了极致，通过互助合作、人类分担不同的角色及责任，构筑起整个社会。比如，力气大的人出去狩猎，视力好的人采收水果及植物，擅长游泳的人去捕鱼，双手灵巧的人制作工具，厨艺拿手的人烹饪食物等，当中也有人负责向神祈祷，有人帮忙照顾孩子。人类自古以来就懂得分工合作。通过分工合作，社会不断地进步、发展，人类社会的建构方式就是"让擅长的人做擅长的事"。

在人类社会中，每个人都在各种位置上执行不同的任务，就跟许许多多的物种在生态系统中扮演各式各样的角色一样。

但是，当社会变得高度复杂化，责任分配也会更难厘清，每个人都不知道谁该担任什么角色，也更不容易找到自己在社会中擅长的位置。

因此我认为，"生态位"这个以物种为基本单位的思考方式很值得参考，能够帮助我们重新解析自己在社会中的角色定位。

那么，就让我们一起来寻找让自己成为"专属领域的第一"的"生态位"吧！

不过，大家要有心理准备，要找到成为第一的位置，可没有想象中那么容易。

下一课，我们就要试着来思考，如何找到能成为第一的"生态位"。

成为"第一"还是"唯一"

地球是一颗生机勃勃的星球。自然界原本就是一个弱肉强食、时刻充斥着激烈的竞争及冲突的世界。所有的生物都围绕着"第一"的宝座，拼命竞逐和争夺。

"只有'第一'才能活下去"是自然界的一条铁律。不可思议的是，自然界却存在着各式各样的生物，这代表所有的生物不需要竞争，也能分栖共存，分享着"第一"的位置。因此，所有的生物都是"第一"，而要成为"第一"的方法，则数不胜数，看似再怎么弱小或无趣的生物，也一定会找到某处独擅胜场的立身之地。

在人类社会中，每个人都在各种位置上执行不同的任务，就跟许许多多的物种在生态系统中扮演各式各样的角色一样。每个人都有一个可以闪闪发光的领域，寻找能发挥自己力量的"生态位"是非常重要的事。

はずれ者が
進化をつくる

生き物をめぐる
個性の秘密

第 5 课

什么是"自我"

小时候，你曾经喜欢过什么？

什么事让你开心？

你又对什么感兴趣呢？

你最快乐的回忆是什么？

你印象最深刻的事又是什么？

缩小范围，更容易成为第一

想要找到能让自己成为第一的"生态位"，有两个诀窍：

- 第一，缩小范围。
- 第二，创造自己的领域。

在市场营销的领域中，也会用到和"生态位"一词同源的"利基市场"① 的概念，它指的是存在

---

① 英文为 niche market，指在较大的细分市场中具有相似兴趣或需求的一小群顾客所占有的市场空间。大多数成功的创业型企业一开始并不在大市场开展业务，而通过识别较大市场中新兴的或未被发现的利基市场来发展业务。——编者注

空白的小型市场。

比如说，市场中有一种所有人都会购买的非常
受欢迎的商品。与此同时，还有一种只有少数狂热
爱好者才会购买的稀缺商品。虽然这种稀缺的商品
不会有很高的销量，但肯定会有人购买。这种存在
于市场夹缝之间的空白里的小型市场就被称为"利
基市场"。

生物学里的"生态位"一词，本来指的是能够
成为第一的领域，所以不一定要很小。

有小的"生态位"，也有大的"生态位"。

不过，"生态位"既然是能够成为第一的领域，
想要在大的"生态位"持续保持第一，就会非常辛
苦。以田径比赛为例，如果是"全世界跑得最快"
的"生态位"，全世界只有一个人能取得，而且还
要一直赢得所有的比赛，这是非常困难的。

那么，如果稍微缩小范围呢？"全国跑得最
快"的"生态位"，就比成为世界第一简单多了；
要是再缩小到全校第一或全班第一的范围，就更轻

松了。

除此之外，也可以缩小项目的范围，比如在100 米赛跑里成为第一、在 200 米赛跑里成为第一、在 1 500 米赛跑里成为第一……像这样缩小范围后，成为第一就变得更容易一些了。

但就算这样，想要成为第一也是很难的。毕竟参加赛跑这类竞技的人非常多，想在其中拔得头筹绝非易事。

如果把"生态位"的范围缩得更小呢？

运动会有各种各样、十分丰富的项目。

比如，障碍跑的第一、爬低桩网的第一、走平衡木的第一……还可以进一步细分。比如吃悬挂面包的比赛、用勺子运乒乓球的比赛，以及按照题目的要求借东西的比赛。运动会除比速度的赛跑之外，还设计了各式各样的第一。

其实，自然界的生物也是像这样将条件细分设定，以确保自己能成为第一的"生态位"。反过来

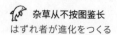
说，也就是所有的生物都在地球上分享着各种各样小小的"生态位"。

领域是自己创造出来的

想要找到让自己成为第一的"生态位"，第二个诀窍是"创造自己的领域"。

没有人说只能在既有的领域里争取第一。

比如，不需要去争取语文或数学等传统学科的第一，也不需要去抢夺 100 米或马拉松比赛这种常见项目的第一，更不需要去比拼考试分数这种既存评价的第一。

我们可以为自己创造一个成为第一的"标准"。

《哆啦 A 梦》中的大雄，利用能制造假想世界的秘密道具"如果电话亭"，创造了与当前这个世界的价值观完全相反的各种世界。

在以睡觉为最高价值的世界里，大雄以 0.93 秒瞬间入睡这项绝技打破世界纪录，赢得了热烈赞赏。

大雄还幻想出一个"翻花绳世界"，这个世界的价值观是"越会翻花绳越受人尊敬"，于是擅长翻花绳的大雄变成了大明星，后来还当上掌门人，被众多的弟子环绕着，他甚至要竞选翻花绳大臣。

看过动画的人都知道大雄是射击高手，而他察觉到自己有这项才能的契机，则是因为他挖完鼻孔弹鼻屎时，永远都百发百中。

什么事都可以，再小的事也没关系。要是真的有"如果电话亭"，大家会想许愿创造什么样的世界，让自己成为第一呢？

虽然有擅长的事……

虽然有擅长的事，也有喜欢的事，却没有自信能成为第一。

有时的确会如此，其实生物们也一样。

每当这种时候，生物们就会采取"生态位转移"的战略。

每种生物都占据着某个"专属领域的第一"，但这个"生态位"并非永远不变。

既然所有生物都在寻找让自己成为第一的领域，就有可能和其他生物重叠。或者，随着时代及环境的变化，也可能会失去自己第一的优势。

这时，生物们需要一边保留原本擅长的能力，一边尝试扩展其他潜质，另外创造一个能让自己重回第一的领域。

大嘴乌鸦原本栖息在森林深处，如今却每天在住宅区及市中心翻找垃圾。大嘴乌鸦利用在复杂的森林环境中积累的高超飞翔技巧和捕食能力，在都市这个复杂的环境中活得如鱼得水。

栖息在水田里的三眼恐龙虾，原本是生活在沙漠的生物，每当沙漠降下大雨，地面会形成短暂的水洼，再逐渐干涸，三眼恐龙虾可以在这暂时形成的积水中迅速孵卵、成长，进而产下新卵。水田虽然有丰沛的水资源，但是每到夏季，为了调节水稻的生长会把田里的水放干，这时大多数的水中生物都会死亡，只有三眼恐龙虾可以留下新卵，继续存活。

红点鲑是生活在干净水域的鱼类，但只要水域中存在比自己强势的山女鳟，红点鲑就会逃向溪流的上游。由于红点鲑具有"耐寒"的优势，因此可以移栖到山女鳟无法适应的冰冷的上游水域。

这就像是用一只脚稳稳地立在原来的位置，再用另一只脚去寻找其他可以站稳的地方。生物会通过这种方式持续寻找"能成为专属领域的第一的位置"，然后再安全地转移过去。

换句话说，就是从擅长的领域逐步扩展出去，以寻找下一个属于自己的"生态位"。

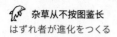

　　或许你在擅长或喜欢的事情上无法成为第一，但是在这些擅长或喜欢的事情附近，一定会有能让你成为第一的地方，请坚持寻找下去。

　　有时候我们会发现，自己虽然有喜欢的事，却怎么做也比不上别人。

　　比如，虽然热爱足球，却踢得没有别人好；虽然喜欢历史，考试成绩却总是很差。这时，可以将自己喜欢的事作为中心，稍微挪移一下目标。

　　日本教育专家林修老师曾经说过：**"要把所有的努力，放在不需要太过努力就能成功的地方。"**

　　这确实是一条让自己成为专属领域的第一的捷径。

　　当然，我们毕竟是活在 21 世纪的人类，如果单单为了存活去寻找自己的"生态位"，也未免太空虚了。

　　因此，**要从自己"喜欢"、"擅长"以及"别人所需要"的事情中，去寻找"生态位"的线索，**

然后不断进行"小小的挑战"。

关于这些"小小的挑战",我们会在下一课中讨论。

在自己擅长的领域里决胜负

"我没有擅长的事,也不知道自己喜欢什么,这样要怎么找到让自己成为第一的"生态位"呢?"有人或许会这么想。

其实,我有个压箱底的秘诀,能让你迅速找到属于自己的"专属领域的第一"。

那就是"自我"。

只要创造出"自我"的领域,你就是当仁不让的第一;在"自我"的领域里,你也是独一无二的唯一。

只不过,还有一个问题。

在第 1 课最后，我问过大家："自我是什么？"

我们每个人都是充满个性的存在，什么都不用做，原本的这个自己就已经拥有"自我"。

然而，我们还是很难理解"自我"是什么。

迪士尼动画电影《冰雪奇缘》的主题曲 *let It Go* 几乎红遍全球，歌词说的就是放下一切、做回自己。

英国甲壳虫乐队的名曲 *Let It Be*，也是反复地唱着"Let it be"（让它去），要人们重拾"自我"。

这些歌曲之所以受到众人喜爱，就是因为"做自己"真的非常困难。

拥有自我、做原本的自己，到底是什么意思呢？

"自我"究竟是什么呢？

没有人知道大象真正的模样吗

大象是什么样的生物呢?

可能有很多人会回答:"大象是一种鼻子很长的动物。"但是,真的是这样吗?

有一则寓言,叫作《盲人摸象》。

很久以前,有一群眼睛看不见的人,聚在一起讨论大象这种生物。

摸到了大象鼻子的人说:"大象是一种像蛇一样细长的生物。"有人摸到了象牙,他大喊:"大象是一种像长矛一样的生物。"还有人摸到了大象的耳朵,他说:"大象是一种像扇子一样的生物。"最后,还有人摸到了大象的大腿,他说:"大象是一种像大树一样的生物。"

每个人说的都是对的,但是,没有一个人知道大象真正的样貌。

我们和故事里这群眼睛看不见的人其实没有两样。

"大象是一种鼻子很长的动物。"这就是大象的全部了吗?

长颈鹿呢? 长颈鹿是一种脖子很长的动物……只有这样而已吗?

那么, 斑马呢? 貘呢?

大象跑完 100 米的时间大约是 10 秒, 跟人类的奥运选手不相上下。所以, 大象也是一种跑得很快的动物, 长鼻子只是大象的其中一面。

大家都说狼是可怕的猛兽, 事实又是如何呢?

狼确实会袭击绵羊等家畜, 但狼是群居动物, 狼爸爸会把为家族猎获的食物先分给小狼吃, 所以从这个角度来说, 狼也是非常重视家人、温柔又忠诚的动物。

◆ 圆形、三角形还是四边形

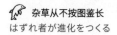
你看到的是圆形还是三角形

有的人认为某个物体是圆形，有的人觉得是三角形，还有其他人说是四边形。

到底哪一个才是对的呢？

每个人说的都没有错。

请看看前面这个图形。

从上面看，它是圆形；从侧面看，它是三角形；如果从另一个角度看，又会变成四边形。如果我们只从其中一个方向来看，就会看到不同的形状。

人类也是一样。可能有人觉得你是"文静的人"，但也有人觉得你是"活泼的人"，或许这两种感受都是对的。

确实如此，我们并不是那么简单的存在。

但是，人类很容易单凭其中一面就任意判断，而且人类的大脑讨厌复杂的状况，凡事都想要简单化，尽可能简易地解释。

大象是长鼻子，长颈鹿是长脖子，人类喜欢这样的概括法，所以也会将你简单归类为"某某类型的人"。

我们确实对这种状况无可奈何，因为人类的大脑根本不想理解你有多复杂。但需要注意的是，不要连你自己都相信了旁人只凭片面见解就为你贴上的标签。

比如，别人认为你是"文静的人"，这或许没有错，但这不过是你的其中一面。如果因此误以为大家所说的"文静的人"就是"自我"，一旦"不文静"就不像自己了，便会开始逼迫自己要做个"文静的人"。

人往往就是这样迷失了"自我"。有时候，还会因为不像"原本的自己"而感到痛苦。然后，我们就主动丢弃了"真正的自己"。

"形象"又是什么呢？会不会只是周遭的人制

造出来的幻想？

其他还有许多让人迷失自我的"形象"：像个高中生、像个初中生、像个男人、像个女人、像个哥哥、像个优等生……

我们身边有好多好多的"形象"，而且这些"形象"一定会伴随着"应该"两个字。应该像个高中生，应该像个初中生，应该像个男人，应该像个女人，应该像个哥哥担起责任，应该像个优等生努力读书……

的确，我们有时候也需要依从社会所期望的"形象"，但若想找到"真正的自己"，首先就要舍弃纠缠在我们周围的"形象"。

当我们解除"形象"施加的束缚后，才能初次看见真正的"自己"。

当然，这不是一件容易的事。但是，我们仍然要持续地寻找"自我"，这也是在寻找专属于自己的"生态位"。

自我的样子就在记忆里

每个人刚出生时，都是赤身裸体。

然而，周遭的人会给刚出生的婴儿穿上很多衣服，这就是婴儿的"形象"。

每个婴儿都要参照儿童生长曲线图给出的平均值，来看看是高于还是低于平均值，是比其他孩子发育得早还是晚。

接着，每个孩子会再被赋予"像个哥哥""像个大孩子"的"形象"。一旦被贴上"这个孩子很……"的标签，这个标签就会被认为是我们的"形象"。

你被迫穿上了很多称为"形象"的衣服，它们就像盔甲般紧紧束缚着你，让你无法动弹。

自我是什么？像你自己又是什么样子？

找到这些答案的契机，或许就在你尚未套上那么多"形象"的过往时光里。

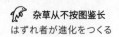

小时候，你曾经喜欢过什么？什么事让你开心？你又对什么感兴趣呢？

你最快乐的回忆是什么？印象最深刻的事又是什么？

为了找到自我，试着舍弃"形象"是很重要的。

除此之外，为了找到成为第一的"生态位"，更要舍弃所有的"应该"。

不照图鉴生长也无妨

我被杂草这种植物深深吸引着。

可能有人喜欢"杂草精神"这个说法，或者想为被说成"杂草军团"的球队加油鼓励。明明一点也不厉害，却非常努力，或许这就是杂草给人的印象。

但是，我喜欢杂草的理由却有点不一样。

杂草不会照着图鉴生长，这是它最大的魅力。

图鉴里明明写着春天开花，它却偏偏到了秋天才开花；明明写着高度大约三厘米，它却长到一米以上；才刚以为这种高度是对的，却又长到五厘米就开花，跟图鉴说的完全不同。

对人类来说，图鉴里写的都是正确的："它是这样的事物""这是它们的平均水平""它们应该是这样的"……

不过，图鉴是人类自己创造出来的东西，其中所写的内容，或许都只是人类自以为是的意见。

对植物来说，它们没有理由一定得照图鉴记录的方式生长。

杂草从来不管图鉴写什么，总是恣意地生长、自由地开花。

对我这个研究植物的人来说，跟图鉴上写的不一样会造成很多麻烦，让我非常头痛。但是，看到杂草完全不理会人类任意决定的规则和"应该如

何"的幻想，只是自由奔放地生长，又让我觉得好
痛快，甚至有点羡慕。

为什么杂草完全不照图鉴生长呢？

这个谜题，我们等到第 8 课再来解开吧!

挣脱束缚，自由生长

自然界的生物通过缩小范围、设定条件，以确保自己能成为第一的"生态位"。所有的生物都在地球上分享着各种各样小小的"生态位"。

作为生活在 21 世纪的人类，我们不能仅仅为了存活而寻找自己的"生态位"。要从自己"喜欢"、"擅长"以及"别人所需要"的事情中，去寻找"生态位"的线索，然后不断进行"小小的挑战"。

我们寻找自己的"生态位"，其实就是寻找"自我"，只有当我们从"形象"的束缚中挣脱出来的时候，才能发现真正的自己。自我是什么？ 找到这些答案的契机，就在你尚未套上那么多"形象"的过往时光里。

はずれ者が
進化をつくる

生き物をめぐる
個性の秘密

第6课

什么是"胜利"

你从祖先继承而来的 DNA，

如今就存在你的身体里。

那些 DNA，

也可以说是屡败屡战、

不断寻找栖身之地的所有失败者的 DNA。

缤纷的花朵是美丽的勋章

就像第4课说过的那样，自然界的生物必须成为第一才能活下去。

自然界是多么残酷啊！

如果是人类的世界，就算没有得到金牌，也还有银牌或铜牌。但是，真的是这样吗？

江户时代的俳句诗人松尾芭蕉① 写过这样一首俳句：

---

① 日本江户时代前期的俳谐诗人，被誉为将俳句推向顶峰的大师，他的作品以对自然和生活的独特感悟、淡泊的意境和独特的艺术表现力而著称。——编者注

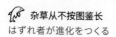
· · · · · · · · · · · · · · · ●· · · · · · · · · · · · · · ·

秋草多模样，花亦多缤纷，美之勋章。

· · · · · · · · · · · · · · · ●· · · · · · · · · · · · · · ·

明明是"只有第一才能活下去"的自然界，却绽放着许多花，而且形形色色、五彩缤纷。如果这些花草都在相互竞争第一，就不会有这么多花同时绽放了，因为只有胜利的花会幸存盛开，失败的花只能枯萎死去。

现实却不是如此，有许多的花在绽放着。

松尾芭蕉认为"缤纷的花朵是美丽的勋章"。

那是每朵花努力奋斗过的证明。

没错，成为第一的方法数不胜数，不用跟邻近的花竞争，也能成为第一。

有许多的花同时盛开，代表每朵花都不需要在同一个领域里竞争。

对于花朵们来说，成为第一无须竞争，也无关胜负。

只有人类喜欢拼输赢

尽管如此，人类还是喜欢拼输赢。

就像第2课说过的那样，人类的大脑最喜欢区分和比较，而这样的大脑最容易理解的字眼就是"赢"和"输"。

胜利组、失败组，人类的大脑对于输赢极为执着。

这是因为人类的大脑擅长排列比较，输赢对它们来说是世上最好懂且最让它们愉悦的指标。

于是，当人类找不到决胜负的对象时，就自行制造出"平均值"这个幻想，用它来比较成绩好坏、收入高低，一个劲儿较量输赢。

但是，究竟什么才是"胜利"呢？

只要"高于平均值"就是胜利了吗？其中的输赢有任何意义吗？

提到"美好的生活"，大家会想到什么呢？

或许是全身穿戴众人羡慕的奢侈品，开着豪车，住着豪宅，过着随心所欲的自由生活。

那么，提到"幸福的生活"，大家又会想起什么呢？

是被家人及朋友包围，每天过得无忧无虑、悠闲惬意吗？

幸福没有输赢，也没有平均值可言。

只要你过得开心满足，那就足够了。

受限的赛场无法发挥真正的实力

所有的生物都占据着某个"专属领域的第一"，

充分发挥不输给任何生物的独特专长，以确保自己的地位。

自然界的竞争虽然激烈，但生物们都会尽可能发展出"不战"的战略。只要确保自己占据了"专属领域的第一"，就不需要持续战斗。

话虽如此，但生活在现代社会的我们，时刻都处在竞争当中。

运动会要竞争排名，学校成绩也会列出名次，人类无法像其他生物那样贯彻"不战"的战略，我们躲避不了竞争。

不过，在其他生物的世界，只要竞争输了就会灭亡，所以非常残酷；而我们的人类社会虽然竞争激烈，但即使输了也不会就此失去性命。

如同之前提过的，人类的大脑需要设置一定的标准，排好顺序、做出比较，否则便无法理解，因此，人类世界的竞争永远不会消失。

即使内心"不想战斗"，大家也还是经常被迫

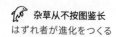
站上竞争及战斗的擂台，我们必须在场上努力奋战，这是没有办法的事。

但重要的是，竞争并不是一切。

即便在竞争中输了，也不会损害你自身的价值；就算战败了，也不代表你比别人逊色。只是那个擂台无法让你发挥能力，限制了你的表现而已。

如果竞争让自己太痛苦，可以直接离开擂台、放弃比赛，就算逃走也没关系。

大家还记得第 4 课所说的"生态位"吗？

> **POINT**
>
> "生态位"是能让自己成为"专属领域的第一"的专属位置。在由他人主导的赛场上，往往很难找出对自己有利的"生态位"，所以竞争的地点更重要。如果能在自己的"生态位"上获得胜利，在其他所有地方都输了也没关系。

"输"过才会知道的事

中国古代思想家、军事家孙子曾说:"**不战而屈人之兵。**"

不只是孙子,历史上的许多伟人追求的都是"不战"的策略。伟人是如何达到这样的境地的呢?

或许是因为他们打了很多仗,也输了很多仗。

有胜利者就有失败者,失败者会遭到沉重的打击,纠结为什么输了,反省如何才能赢。他们会承受创伤、痛苦,经历这样的过程,最终才能找到属于自己的"专属领域的第一",从中领悟出"不战"的战略。

生物的基本战略也是"不战"。

自然界随处可见激烈的生存竞争,在进化的过程中,生物们要不断地拼斗、厮杀,才能在进化史上占据属于自己的"专属领域的第一",进而达到"能不战就不战"的境界与地位。

为了找到属于自己的"专属领域的第一"，年轻的你们可以尽量去战斗，就算输了也没关系。

只有经历过各种挑战，才会知道有多少战场对自己不利，在这些地方自己无法成为"专属领域的第一"，然后再慢慢缩小范围，找到最适合的领域。

为了找到属于自己的"专属领域的第一"，就不要怕"输"。

我们在学校里会学习很多科目，其中会有你擅长的科目，也会有你不擅长的科目。在擅长的科目里，可能有不擅长的单元；在不擅长的科目里，也不见得都难以应对，当中可能也有擅长的单元。我们之所以要在学校里学习各种事物，就是为了进行更多的挑战。

即使不擅长也要尝试一下

当然，不需要刻意在自己不擅长的领域决胜负，要是不喜欢，逃走也没关系。

不过，年轻的你们有着无限的可能性，先不要轻易断定自己不擅长。

企鹅不擅长在陆地上行走，但一到水里就会像鱼儿一样自在悠游。海豹及河马在陆地上也给人缓慢迟钝的印象，但一旦进入水里，它们立刻生龙活虎。它们的祖先在还没有进化、仍然生活在陆地上时，恐怕从来没想过自己居然擅长在水中游泳，也没想过自己更适合在水中生活吧！

松鼠能迅速地爬树，而松鼠的远亲飞鼠，爬树技巧就比松鼠差多了，总是慢吞吞地爬着。但飞鼠有一项在林间滑翔的绝技，如果它们当初直接放弃爬树，就不会发现自己可以在空中滑翔。

人类也是一样。在足球运动中有一种基础练习叫作"颠球"，需要用脚控制不让球落地，即使是职业选手，也有人不擅长这个动作。如果只因为不擅长颠球就放弃足球，可能就永远不知道自己最厉害的是射门能力了。

小学的数学以计算题为主，初高中的数学则是

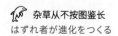
困难但有趣的解谜问题。进入大学后，数学变得更
抽象，开始用数字表达一个抽象的、不存在于现实
中的世界，数学几乎变得和哲学一样了。如果只因
为不喜欢计算问题，就断定自己"不擅长"数学，
或许就没有机会发现数学真正有趣的一面。

　　学习的过程也是寻找自己长处的过程，没有
必要勉强自己去做不擅长的事情，我们只需要在
擅长的领域里发挥优势即可。但要找到自己的长
处，重要的是不要轻易地认定某事不擅长而很快放
弃它。

　　大家还记得第 1 课提到的苍耳吗？苍耳无法简
单地判断早发芽好还是晚发芽好，所以它怎么做呢？

　　没错，它选择将两种方案作为选项同时保留。

　　轻率地断定自己擅长什么、不擅
长什么，实在是太可惜了。像杂草这样，
即使不擅长也不轻易放弃，而是保留
作为额外的选项，也是很重要的事。

进化的原动力来自失败

胜利者不需要改变战略，毕竟当前的战略造就了胜利，不做任何改变自然最有利。失败者则要重新思考战略、花费更多心力，所以失败的下一步就是思考，进而做出"改变"。

持续不断的失败，就代表持续不断的改变，生物的进化也是如此，许多划时代的变化，经常都是失败者造就的。

古代的海洋中，鱼类之间的生存竞争极为激烈，失败者只能逃到没有其他鱼类的河流里求生。当然，河流里没有其他鱼类自然是有原因的。对于在海中进化的鱼类来说，河流的盐分浓度太低，不适合鱼类生存。然而，失败者硬是克服了这个逆境，进化成能在河流里生活的淡水鱼。

但是，随着在河流里生活的鱼类越来越多，生存竞争也开始变得激烈，输掉的失败者又被追赶到只有浅浅一层水的浅滩，进化再度发生。这些失败者最终登上了陆地，进化成两栖动物。

◆ 登上陆地，成为两栖动物

想象一下，各种水中生物撑着笨重的身体，卖力地挪动四肢爬上陆地，这幅景象真是洋溢着挑战未知领域的昂扬斗志。

然而，这些最早登陆的两栖类绝非满怀勇气的威风英雄。它们遭受追赶、伤痕累累，又在竞争中不断惨败，为了找到属于自己的"专属领域的第一"，只能踏上未知的土地。

当恐龙称霸的时代到来时，弱小的生物为了不让恐龙发现行踪，将主要的活动时间转移到黑暗的夜晚；与此同时，为了逃离恐龙的猎杀，它们的听觉、嗅觉等感官和控制这一切的大脑也变得更加发达，并获得了敏捷的运动能力。

为了安全地繁衍后代，它们不再产卵，而是改为胎生，最后成为地球上繁盛发展的哺乳动物。

人类的祖先，当初就是被赶出森林，只好栖息在草原的古猿类。它们心惊胆战地生活在肉食性动物环伺的环境中，逐渐进化为直立行走，为了求生发展出智慧，还学会了制作工具。

回顾生命的历史，所有成功推动进化的生物们，经常是被追赶、受迫害的弱者，也就是失败者。如今被认为站在进化顶端的人类，也是由失败者中的失败者进化而来的。

在生命的历史中，成为进化原动力的，往往是那些寻找"生态位"的失败者的努力和挑战。

有时也要学会认输

在生物的世界里，只有第一才能活下去。有许多生物在激烈的竞争、冲突中惨败，最后就这样消失在历史长河中。

幸好，在现代人类社会，竞争再怎么激烈都不至于如此残酷，即使输了也不会失去生命或就此灭绝，所以人类才能大胆地进行各种挑战吧！

其他生物的情况则完全不同，一旦失败就会赔上性命甚至直接灭绝。所有存活至今的物种，就算在竞争中失败过，但应该都没有受到过致命的打击。

失败能有效地促进改变，但这并不代表失败就一定是好事。如果遭受的损害太大，很可能会受伤过重，再也无法振作、恢复。

因此，要敏锐地认清自己的优势和劣势，一旦发现输的可能性更大，就干脆认输。反复进行小型的挑战、承受小规模的失败，或许才是最重要的。

自然界的动物们不会主动开战，因为只要战败就代表灭亡。

但是，它们会不断进行小型的挑战，然后反复获得小规模的胜利，承受还能东山再起的失败。生物们都是这样寻找自己的"生态位"的。

感恩祖先的相遇

我们都是父母的孩子，如果我们的父母没有相遇，我们就不会诞生在这个世界上了。

男人和女人各自走在自己的人生道路上，所有的相遇都是偶然的缘分。因此，大家的出生可以说是一种奇迹。

我们的父母，也有自己的父母，就是我们的祖父和祖母。如果他们没有偶然相遇，我们的父母也不会出现在这个世上，当然更不可能生下我们。

祖父、祖母也有自己的父母。曾祖父、曾祖母也有自己的父母。只要当中少了任何一次相遇，我们就不会诞生在这世上。每个人的诞生，都是经历了无数次的偶然，我们大家如今身在此处，已经是难得的奇迹。

大家曾经思考过自己的祖先是怎么来的吗？

自己这个奇迹般的存在是基于祖先们之前的存在，如果大家思考过自己的祖先从何而来，最终联结到现在的自己，就会发现自己是多么宝贵且无可替代的存在了。这一点从以下这个偶然性金字塔就可以看出来。

◆ 偶然性金字塔

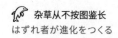
其实还不止如此。

人类的祖先曾经是猿猴，猿猴是如何历经进化而诞生人类，目前仍在研究当中，但是作为我们祖先的猿猴也有父母，这对父母也有双亲。

从猿猴再往前追溯，人类的祖先是小型的哺乳动物；再往前，是刚刚上陆的两栖类；继续往前，则是逃难到淡水河的鱼类。

在长达数亿年的生命繁衍中，如果当时的雄性与雌性生物没有相遇留下子孙，你就不会诞生。这项历经数亿年的生命接力赛，只要出了一点差错，这个世上就不会有你出现了。

> **POINT**
>
> 你从祖先继承而来的 DNA，如今就存在你的身体里。那些 DNA，也可以说是屡败屡战、不断寻找栖身之地的所有失败者的 DNA。

不要惧怕失败

在竞争激烈的自然界，生物发展出了尽量避免战斗的生存策略。如果有一个能成为第一的领域，就不必再进行激烈的战斗了。每种生物都在进化的历史中找到了自己能成为第一的唯一领域。只要能在自己的"生态位"上获得胜利，那么就算在其他地方都输掉了也没关系。

人类也一样，我们不必在不擅长的领域中竞争。判断是否擅长某件事，却并不轻松。像杂草一样，将不擅长的事作为选项保留起来也很重要。

胜利者不会改变战斗的方式，失败者则要重新思考战略、花费更多心力。在生物的进化历程中，许多划时代的变化都是由竞争的失败者带来的。成为进化原动力的，往往是那些寻找"生态位"的失败者的努力和挑战。

はずれ者が
進化をつくる

生き物をめぐる
個性の秘密

第 7 课

什么是"强大"

弱小的人类发展出智慧、制作工具去对抗其他动物。

发展出智慧，是人类的优势之一。

所以，人类绝对不能停止思考。

"弱小"才是生存的条件吗

在第 6 课中，我们学习了什么是胜利和失败。

也许大家会只想赢不想输，讨厌弱小，希望变得强大。

那么，大家发现过自己身上的弱点吗? 是否曾讨厌弱小的自己呢?

如果是的话，那就太好了。

毕竟只要放眼自然界，就会发现生机勃勃的正是那些"弱小的生物"。

似乎"弱小"才是成功的条件。

你或许会想：这怎么可能？自然界是"弱肉强食"的世界，给人的印象就是强者才能存活，弱者只会渐渐灭亡。

不过，自然界实在有意思的地方，就是强者不一定能存活下来。

提到强大的生物，大家会想到什么动物呢？

可能是万兽之王狮子或凶猛的老虎，当然狼和北极熊在力量上也不遑多让。体型巨大的大象或犀牛看起来很强，在空中翱翔的老鹰及秃鹰也具有王者风范。

但是，这些生物目前都面临灭绝的危机。强大的猛兽以弱小的生物为食，假设每头猛兽大约会吃一百只老鼠，只要老鼠减少了 50 只，猛兽就会因为食物短缺而死。但是，老鼠即使死了 50 只，也还有 50 只存活着。这些看似强大的生物会濒临灭绝，可以说是因为它们必须仰赖弱小的生物才能活下去。

杂草很强，还是很弱

"杂草很强。"不知道大家是否有这种印象？

但是，所有的植物学教科书都没有写过杂草很强，甚至还会特意强调"杂草是弱小的植物"。

不过，在我们身边生长的杂草，怎么看似乎都很强。

如果它们很弱小，又怎么会在我们身边到处蔓延？

身为弱小植物的杂草，为何会表现得如此强势？看来其中应该隐藏着帮助我们思考"什么才是强大"的线索，我们就先来探究这个秘密吧！

之所以说"杂草很弱"，是因为它们"在竞争中很弱"。

自然界进行着激烈的生存竞争，弱肉强食、适者生存是残酷的法则，在植物的世界自然也是一样。

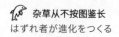
　　植物需要抢夺日照，比拼谁能长到更高的位置，再伸展枝叶相互遮挡阳光。一旦在这场竞争中失败，就只能活在其他植物的阴影之下，最终枯萎死亡。

　　而被称为杂草的植物，在这种生存竞争中是很弱小的。

　　在菜园之类的地方，杂草似乎比蔬菜更有竞争力。的确，经过人类改良的蔬菜若少了人类的帮助，基本上很难顺利生长，比起这些脆弱的蔬菜，怎么拔都拔不完的杂草或许更有竞争优势。

　　但事实上，在自然界生长的野生植物并没有那么弱小，相比之下，杂草的竞争力只能说是小巫见大巫。看似随处生长的杂草，在无数植物激烈厮杀的森林中，根本毫无生路。

　　丰饶的森林土地是极适合植物生存的环境，但同时也是竞争激烈的战场，因此在竞争中处于弱势的杂草，很难在森林深处存活。

当然，可能有人在森林中见过杂草，但那里多半不是人迹罕至的原始森林，而是徒步路线或露营地等人类在森林中建造出来的环境。只有在这种地方，杂草才有机会生长。之所以如此，是因为杂草拥有某种强大的优势。

强大各有形式

在不强大就无法存活的自然界，身为弱小植物的杂草竟然随处可见。

这是为什么呢？

所谓的强大，并非只是在竞争中强大。英国生态学家约翰·菲利普·格莱姆（John Philip Grime）曾经说过，**植物要成功生存，需要具备三种能力。**

第一，是强大的竞争能力。

植物需要阳光进行光合作用，所以它们首先必须争夺的就是日照。生长速度快、长得高大的植物能独占更多阳光。如果生活在这样的植物底下，就得不到充足的日照。对植物来说，在阳光的争夺上获胜，是生存的重要条件。

但是，在这项竞争中具有优势的植物，不见得能最终胜出，也有很多环境让它们无法发挥强项，例如缺水的地方、过于寒冷的地方等。

第二，是忍受恶劣环境的能力。

比如，仙人掌在没有水的沙漠也不会枯死，生长在雪峰的高山植物能够耐受冰雪等。不输给严苛的环境而艰苦求生，也是一种强大。

第三，是适应环境变化的能力。

即使不断遭遇各种危机，也能一一克服，这是第三种能力。实际上，杂草的强大就在于这一点。大家可以回想一下，杂草生长的地方往往历经了多次除草、割草、踩踏及翻土，人类为它们生存的环境带来了各式各样的变化。能够一一克服这些困境，正是杂草的强大之处。

其实，地球上的植物并非只根据这三项能力来各别分类，而是所有的植物都拥有这三项能力，再加以协调、组合，发展出自己的战略。

对植物来说，不是只有在竞争中胜出才代表强大。"强大"其实有很多形式，无法简单地加以定义。

强者不一定会胜出

自然界是弱肉强食的世界，但是擅长竞争或战斗的强者不一定会胜出，这也是自然界的有趣之处。

竞争或战斗时，强大的体型会更有利；但实际上也有很多时候，较小的体型反而带来更多好处。强大的体型需要很多能量才能维持，同时也很显眼，经常会被敌人盯上，必须不停地战斗。较小的

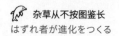
体型很快就能逃走，或躲藏在隐蔽处。所以，大的体型很强大，小的体型同样也很强大。

还有其他例子。猎豹是世界上跑得最快的动物，据说奔跑速度超过 100 千米每小时，而瞪羚作为猎豹的猎物，奔跑速度只有 70 千米每小时，怎么看都不可能逃过捕杀。

但是，即使速度上有着压倒性的差距，猎豹还是有一半的概率会捕杀失败。也就是说，瞪羚可以从奔跑时速达 100 千米的猎豹的捕杀中逃过一劫。

一旦被猎豹盯上，瞪羚就会巧妙地利用"Z"字形的移动方式跳跃奔逃，在某些情况下还会快速转弯以切换方向。

当然，这种复杂的跑法也会使瞪羚难以发挥原本最快的速度，但既然直线奔跑是猎豹的速度更快，瞪羚就改用猎豹做不到的跑法赢过对方。

弱小的人类如何存活到现在

在自然界，有许多不擅长竞争或战斗的生物，通过发挥其他优势，获得了自己的"生态位"。实际上，人类也是其中之一。

在生物学上，人类是一种学名称为"智人"（homo sapiens）的生物。

根据推论，人类的祖先应该是失去森林据地、被赶到草原地带的古猿类。它们没有能力跟肉食性动物打斗，也不像斑马那样能快速奔跑，所以弱小的人类后来才会发展出智慧、制作工具去对抗其他动物。

发展出智慧，是人类的优势之一。所以，人类绝对不能停止思考。

但是，还不止如此。

其实发展出智慧的不只有我们智人，追溯人类的进化史，还出现过智人以外的另一种人类，那就是尼安德特人。

尼安德特人比智人更高大、拥有强健的体格，据说智慧也更优越。而智人无论体型和力量都比尼安德特人弱小，脑容量也略逊一筹，智慧更为低下。

但是，最后存活下来的却是智人。

为什么我们智人最终存活了下来? 尼安德特人又为何灭绝了呢?

在当时，智人是力量弱小的存在，所以就像之前说过的发展出"互助合作"的能力，相互补足欠缺、共同生活，因为不这么做就无法生存。

活在现代的我们，在帮助别人时，内心也会感到满足；当我们为陌生人指路，或在公交车上让座时，听见别人向自己道谢，都会产生既害羞又开心的情绪，这就是当初智人为了生存所获得并发扬光大的能力。

相形之下，能力优秀的尼安德特人，即使不过

团体生活也能活下去，但当环境发生变化时，他们
就会陷入没有同伴相助的困境，无法克服困难，未
能生存下来。

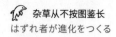
其实你很强大

自然界实在有意思的地方，就是体型较大或擅长竞争的强者，不一定会胜出。强大的体型需要很多能量才能维持，同时也很显眼，常会被敌人盯上，必须不停地争战；较小的体型有助于快速逃走，或躲藏在隐蔽处。所以，大的体型很强大，小的体型同样也很强大，强大其实有很多形式，无法简单地加以定义。

在自然界，有许多不擅长竞争或战斗的生物，通过发挥其他优势，获得了自己的"生态位"。人类也是其中之一。弱小的人类发展出智慧、制作工具去对抗其他动物，以智慧居于进化的顶端。

はずれ者が
進化をつくる

生き物をめぐる
個性の秘密

第 8 课

什么是 "重要的事"

杂草没有一刻忘记自己最重要的任务是什么，

也绝不会放弃这个使命。

所以不管怎么被踩踏，

它都一定会努力开花、留下种子。

杂草就算被踩踏也……

"杂草就算被踩踏也……"

我经常听到这样的话。

怎么感觉有点没用啊！有人或许会这么想。

还有人会觉得有些失望，"明明是想和杂草一样努力奋斗的"。

然而，事实并非如此。

杂草最厉害的地方，就是"被踩踏之后选择不再站起来"。

"杂草就算被踩踏也_____"
在这个横线处，能填入什么样的词语呢？

　　或许，你会想到"重新站起来"。

　　"杂草就算被踩踏也会重新站起来"，这就是杂草给人的印象吧。

　　不过，这是错误的。

　　杂草被踩踏之后并不会重新站起来。

　　"杂草就算被踩踏也不会重新站起来"，才是真正的杂草精神。

　　的确，如果只是被踩过一次，杂草可能还会站起来。

　　但是，如果不断地遭到踩踏，杂草就会直接躺平了。

为什么一定要重新站起来

杂草被踩踏之后不会重新站起来。

为什么它不尝试再站起来呢？

我们试着改变一下思考角度吧。

说到底，为什么被踩踏之后，一定要重新站起来呢？

对植物来说，最重要的事是什么？

当然是开花，然后留下种子。

若是这样，不断被踩踏还一直重新站起来，就会白白消耗掉很多能量。与其把能量花在这种不必要的地方，还不如躺平了努力开花更重要。毕竟，要在一直被踩踏的状况下留住种子，势必要付出相当的能量。

因此，杂草不会做"不断被踩踏还一直站起来"这种徒劳无功的事。

当杂草生长在会被不断踩踏的地方时，最重要的不是再站起来，而是开花结籽。觉得非要站起来不可，只不过是人类自以为是的成见。

当然，杂草也不是躺在那里任人踩踏。

就算不能向上生长，杂草也绝不会就此放弃。它会试着横向发展、缩短草茎，或者把地面下的根扎得更深，想尽办法开花结籽。能不能重新站起来，对它来说根本无关紧要。

杂草没有一刻忘记自己最重要的任务是什么，也绝不会放弃这个使命。所以不管怎么被踩踏，它都一定会努力开花、留下种子。

"即使不断被踩踏，也不忘初心"，这才是真正的杂草精神。

不是只有向上生长才是成长

检测植物成长的方法，有高度和长度。

这两者听起来很像，其实意义不同。

高度是"从根部算起的植物高度"，长度则是"从根部算起的植物长度"。

嗯？听起来几乎一样啊？大家可能会这么想，但还是不一样。

如果是自然向上生长的状态，植物的高度就等同于长度。

但如果是被踩踏而横向发展的杂草呢？因为它横向生长，即使长度再长，还是没有向上生长，因此高度为零。

人们喜欢用高度来衡量植物的成长，因为这是最简单的方法。看到牵牛花攀爬到二楼，人们总是很开心，想着"已经长得这么高了，该修剪了"。

然而，**不是只有向上生长才是成长**。

大家可以看看身边的杂草，它们都是低垂茎叶、贴近地面，不会直直地向上生长。

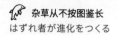
人类只会用高度评判植物

无论是横向发展、斜向生长还是歪七扭八地生长，杂草的生长方式各有特色。过于复杂的成长方法很难进行测量，所以人类最终也只能用高度去评判植物。人类只有完全笔直的尺，因此只能测量笔直的高度。

"用高度做评判"，对人类来说大概就是用成绩或学力检测值等指标来评分。高度是重要的尺度，被用来评判植物当然没问题。优秀的成绩总比糟糕的成绩好，成绩好的人应该受到赞赏。

但是，高度只是用来衡量植物成长指标中的其中一项而已。就像杂草的成长一样，只要能明白"什么是重要的"，你就知道所谓的高度并不是一切。

> **POINT**
>
> 笔直的尺无法测量出所有的成长，真正重要的事物，往往是无法用尺度测量出来的。

在踩踏中好好活着

在人来人往的马路间隙，经常可以看到杂草的身影。

有的杂草横向伸展，有的杂草缩小茎叶、放弃长大。看到这样的杂草，常会让人有点心酸，只能贴着地面生长的杂草似乎颇为悲惨，但真是这样吗？

的确，比起其他朝着天空高高伸展的植物，常被踩踏的杂草感觉总是长不大。其他植物都恣意地不断向上生长，长在被踩踏之地的杂草，就这样直接放弃了长高，这样的选择是否明智呢？

植物之所以努力向上生长，自有它的道理。

就像之前说过的那样，植物成长时需要日照进行光合作用，为了沐浴在阳光里，就要长到比其他植物更高的位置。

如果一种植物长得比其他植物低，就只能在后者的阴影下进行光合作用。因此，为了更有效地进行光合作用，至少植物要长得高一点。

对于追寻阳光的植物来说，它们其实并不在乎"自己能长到多高"的"绝对高度"。

为了获得日照，它们更重视的是"比其他植物高"的"相对高度"，所以才会不断向上伸展枝叶，努力超越其他植物。

植物们用这种方式展开激烈的竞争，而长在被踩踏之地的杂草，真的不需要参加这项竞争吗？

没错，不需要。

在经常被踩踏的地方，追求向上生长的植物是无法生存的，因为只要一往上长就会被踩断。

正因为如此，那些高度为零而横向发展、细小纤弱的杂草，才能尽情地伸展茎叶，充分沐浴在阳光下。

像杂草这样独占阳光的植物，在其他地方是十分罕见的。

同时拥有坚硬和柔软

经常被踩踏的地方有一种代表性的杂草,那就是车前草。

车前草的特征是叶片很大,外观看起来很柔软,其中却长着强韧的纤维,所以不管怎么被踩踏,叶片都不容易破裂。如果只是柔软就会轻易裂开,车前草的叶子则是柔软中带着强韧,可以说是柔中带刚。

车前草的茎跟叶子恰好相反,外侧包覆着坚硬的皮,内部有海绵状的软髓。要是只有坚硬,一旦承受强大的外力就会折断;如果光是柔软,又很容易破裂。由于坚硬中带着柔软,才让车前叶的茎变得顽强、柔韧而不易断裂。

有句成语叫"以柔克刚",通常是指柔软的力量要比坚硬更强大,其实真正的意义并非如此。据说"以柔克刚"的原意是要表明**"柔与刚都各有强大之处,学会两者并用才更重要"**。

大多数生长在被踩踏之地的杂草，都同时具备坚硬与柔软的构造。单单有坚硬或柔软，无法让它们承受无数次的踩踏，刚中带柔、柔中带刚，才是在踩踏中生存的杂草之所以强大的秘密。

不过，车前草厉害的地方还不止如此。

逆境也能转为顺境的最佳代表

生长在被踩踏之地的杂草，遭到踩踏时会很痛苦吗？

让我们来看看车前草的例子。

植物通常是像蒲公英那样通过棉絮状的物质让种子飞散，或者像苍耳及鬼针草附着在动物身上，将种子散布到更远的地方。

那车前草是怎么做的呢？

车前草的种子碰到水会产生果冻状的黏液，很容易粘在人类的鞋底或动物的脚部，而种子就是通过这个方式被带走，有时被车子碾过也会顺便粘在轮胎上，一起前往远方。

这么看来，车前草根本不在乎自己被踩踏，也不需要去克服。

车前草会利用踩踏来传播种子，反而是不被踩踏才会让车前草烦恼。路边的每株车前草都应该从心底希望被踩踏，它们是将逆境转为顺境的最佳代表。

将逆境转为顺境，听起来像是所谓的正面思考，也就是"将坏事当成好事"的积极思维。用正面的角度去看待负面的事物，确实很重要。但是，这不仅仅是想法的转换，杂草用更合理、更具体的方式，为我们实际展现了将逆境转为顺境的过程。

想往哪里生长，是生命的自由

被踩踏的杂草不会重新站起。

被踩踏的杂草不会向上生长。

说到底，为什么一定要重新站起？

说到底，为什么必须向上生长？

被踩踏的杂草告诉我们，如果只知道向上生长，一被踩踏就会轻易折断。

就算被踩踏也无所谓。

想要往哪里生长，是生命的自由，横向生长又有什么关系？

当杂草不能往上长高，也不能横向生长时，你觉得杂草会怎么生长呢？

没错。

它们会往下生长，把根深深地扎进土里。

虽然外表看起来没有成长，但在看不见的地方，它们的根系在持续地蓬勃发展。

　　根是支撑植物、吸取水分及养分的重要部位。人类会使用"根性"来形容坚忍的意志，这意味着我们其实也知道根有多么重要。

　　从前的人们常觉得不可思议，自己这么努力地施肥浇水，蔬菜及农作物还是在夏天烈阳的照射下枯死了；杂草明明没有人浇水，却仍然长得郁郁葱葱。

　　有人浇水的农作物和无人浇水的杂草，根系的生长方式完全不同。

　　痛苦的时候、需要忍耐的时候，杂草就会静静地向下扎根。

　　那些看不见的根，在遇到强烈的日照时，就会真正发挥力量。

即使不断被踩踏，也不忘初心

杂草被踩踏之后，并不会重新站起来。对植物来说，最重要的就是开花结籽，要是被踩踏还一直重新站起来，就会白白消耗能量，还不如躺平了努力开花更重要。当然，杂草也不是就躺着任人踩踏，它会试着横向发展、缩短草茎，或者把根扎得更深，设法完成繁衍生息的使命。"即使不断被踩踏，也不忘初心"，这才是真正的杂草精神。

被踩踏的杂草告诉我们，如果只知道向上生长，一被踩踏就会轻易折断。痛苦的时候、需要忍耐的时候，杂草就会静静地向下扎根。那些看不见的根，在遇到强烈的日照时，就会真正发挥力量。

はずれ者が
進化をつくる

生き物をめぐる
個性の秘密

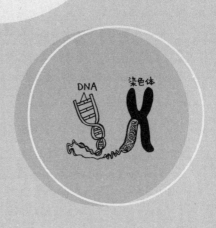

第9课

什么是"活着"

活在当下，珍惜现在所拥有的时光。

所有生物的生命，

都是由连续不断的"活在当下"所组成的。

树和草，哪种形态进化得更完全

"木"是一种会长成大树的植物。

"草"是一种在路边绽放小小花朵的植物。

植物可以分类为长成树的木本植物和生为草的草本植物。

木本植物和草本植物，哪一种才是进化得更完全的形态呢？

发展出树干和茂盛枝叶的树，构造比较复杂，似乎进化得更完全，事实却并非如此。草才是进化得更完全的形态。

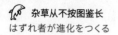
这是为什么呢？

树可以活上几十年到几百年，更长寿的甚至能活到千年以上，长成参天大树。相对地，草最长也只能活几年，短的在一年内就会枯萎。

原本能活过一千年的长生植物，想尽办法进化之后，寿命竟然变短了。

所有的生物都不想死，希望越长寿越好，要是能活到一千年，应该谁都想好好活到那时候吧！既然如此，为什么植物偏偏选择进化出更短的寿命呢？

寿命从远程马拉松到短程接力赛

一个人很难跑完长距离的马拉松，尤其是当路上有山坡和谷地等障碍时，想平安到达终点就更不容易了。

那么，如果只需要跑 50 米呢？那就能全速前进了吧！即使路上会遇到一些障碍，但终点就近在眼前，不管怎样应该都能设法抵达。

某个电视节目曾做过这样一个栏目，让参加奥运会的马拉松选手和跑短距离接力赛的小学生进行对决。即便是知名的马拉松选手，也敌不过从头到尾都全速奔跑的小学生，最后大多是小朋友获胜。

植物也是一样。一棵树要活过一千年并非易事，中途一旦遭遇意外或灾害，很可能就会枯死。

那么，只能活一年的植物呢？寿终正寝的可能性就很高了吧！

所以，植物特意缩短了自己的寿命。它们选择了50米接力赛的方式，不断交棒给下一代，以此维系种群的生命。

为了延续永恒，才创造出有限

所有的生命都会逐渐衰老并死去。无论多么不情愿，最后还是要面对死亡。

不只是人类，所有的生物，最后都会死。就像汽车或电器会老旧，只要上了年纪，身体就会开始衰老，这是谁都无可奈何的事。

不过仔细想想，人体的细胞经常更新换代，老化的皮肤细胞会脱落，新的细胞在不断产生。我们的身体每天都在更新，由新生的细胞重组一切。所以，就算我们能一直拥有和婴儿一样紧致娇嫩的皮肤也不奇怪。

但是，人体却不可能永远拥有婴儿般的肌肤，因为我们的身体就是被设计成会随着年龄的老化，最后自然走向死亡的形式。

构造简单的单细胞生物没有寿命。它们通过细胞分裂繁殖，这个过程重复不断地进行，让它们不会死亡，永远生存下去。

但是，进化形态复杂的生物，有了明确的寿命，最终会面临死亡。

俗话说:"生者必灭,盛者必衰。"世上没有什么是永恒的,生物也不会长生不死。即使能活上几千年,其间也会遭遇各种意外或灾害。

环境也会产生变化,老旧的事物很可能无法适应新的时代。

因此,生物进化出一种主动摧毁旧事物、创造新事物的机制。也就是说,年老的生命会死去,由新的生命继承下一个生命周期。

即使父母与孩子很相似,仍然是完全不同的存在,新的生命不断被创造出来。生命从父母传递给子女,再从子女传递给孙辈,生命就这样一直延续。

年老衰弱的个体最后会死去,但就算他们的生命消逝,也会有下一代继承自己的生命。

生命会永远延续下去。为了延续永恒的生命,才创造出有限的生命。

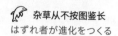
没有一个生物不想活下去

杂草运用了各种智慧及手段，让自己得以在严苛的环境下存活。不，应该说所有生物为了活命，都使尽了浑身解数。

曾经有人问我："杂草也太强大了吧！明明没有大脑，是怎么想出这些生存方法的？"

就算不用思考，生命还是可以活下去。

人有五根手指，这五根手指具备的机能并不是你思考出来的。就像你从来没想过要有几只眼睛比较好，你的眼睛自然就是两只。

这些都不是经由思考得来的。

为了将生命的接力棒传递给下一代，生物会在自己负责的赛段中不断奔跑。所有的生物为了在有限的生命中完成任务，都在全力以赴地生存着。

就算没有人教，婴儿也知道怎么吸奶；就算没有任何人鼓励，最终他也能用自己的脚站起来；无论失败多少次，他都会开始挑战走路。这些都不需要他咬紧牙关苦撑，也不需要他付出血与汗的努力。

婴儿最后会长成孩子，孩子会长成大人，大人历经岁月会变成老人。

这当中没有特别的意义，也不需要任何努力。

所谓的活着，就只是这么一回事。

活下去所需要的力量，天生就储存在我们的身体里。

因此，活着不需要额外的力量，也不需要付出特别的努力。

然而，有时我们还是会对活着感到疲惫、厌烦，或者觉得自己活得很艰辛。

人类的大脑非常优秀，但缺点是想太多，有时

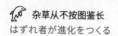

还会做出错误的判断。

　　大家可以看看自己的四周，没有一个生物不想活下去。

　　如果大脑失常了，就看看身体的细胞吧。就算大脑失去了活下去的希望，我们的头发还是一直生长，心脏持续跳动，肺也不会停止呼吸。

　　没有一个生命不想活下去。

生命是由连续的"当下"所组成的

　　活着真是很不可思议的一件事。

　　不过，到底什么是活着呢？

　　每当我心情沮丧、低着头走在路上时，都会看见路边的杂草。它们生长的姿态各不相同，有的向上伸展，有的横向生长，也有的开着小小的花朵。

看着这些杂草，我心里突然有了一些感触。

杂草到底是看着哪里活下去的呢？

虽然生长方式各不相同，但每株杂草都向着太阳伸展茎叶。

人类看着前方生活，杂草则望着天空生长。

没有杂草低垂着头。

请像杂草那样仰望天空吧！

太阳正散发光芒，天空一片蔚蓝，还飘着朵朵白云。

这就是杂草眼中的风景。

当我们望向太阳，感觉到脚底涌出满满的力量，那或许正是杂草感受到的"生命力"。

请看看你的身边。

许许多多的昆虫、鸟儿，还有无数的微生物，

都是这么活着。

活着，就只是这么一回事。

活在当下，珍惜现在所拥有的时光。

所有生物的生命，都是由连续不断的"活在当下"所组成的。

没有一个生物会烦恼"不知道活着的目的""到底是为何而活"，也没有一个生物会有"活着好累""好想死"的想法。

它们总是非常珍惜自己被赋予的时间，尽其所能将生命交棒给下一代后，再满足地死去。

对生物来说，这就是"活着"。

仅此而已。

所有生物都是这么活着，活着其实非常单纯。

或许你会想，不对，活着才不只是这样。

你可能会觉得，活着应该有更快乐、更开心的事，而且还要有意义。

如果你是这么想的，你一定非常、非常幸福。

能从自己的诞生中找到这样的意义，即使只有一点点，也是很了不起的事。

用心感受每一个"当下"

"生者必灭，盛者必衰。"生物进化出一种主动摧毁旧事物、创造新事物的机制。为了将生命的接力棒传递给下一代，生物会在自己负责的赛段中不断奔跑。所有的生物为了在有限的生命中完成任务，都在全力以赴地生存着。

杂草是看着哪里活下去的呢？ 虽然生长方式各有不同，但每株杂草都向着太阳伸展茎叶。人类是看着前方生活，杂草则望着上方生长，请像杂草那样仰望天空吧!

太阳正散发光芒，天空一片蔚蓝，还飘着朵朵白云，那就是杂草眼中的风景。当我们望向太阳，感觉到脚底涌出满满的力量，那或许正是杂草感受到的"生命力"。

成为"独一无二"的你，成为
"闪闪发光"的你

有一句话是这么说的："天上天下，唯我独尊。"

一些不良少年身上的外套会绣着或印着这句话，他们可能觉得很酷、很帅，但这句话其实出自佛教。

据说，释迦牟尼诞生后立刻走了七步，一手指天、一手指地说道："天上天下，唯我独尊。"

这句话听起来像是在说"我最伟大"，真正的意思则并非如此。

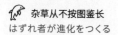
　　这句话的意思是，"在这个广阔的宇宙里，每个生命都是独一无二的、尊贵的存在"。

　　也就是说，我们所具备的个性非常重要。

　　我的工作是研究杂草，而杂草的强大来自不一致。

　　我了解杂草的强大，因此总是希望学生们可以"将个性当成优势、发展自己的个性"。但是，当学生真的"不一致"时，也是一件很麻烦的事。虽然我想要重视他们的个性，但也希望学生们能在一定程度上统一起来。

　　换句话说，我所说的个性，仅仅是"不要成为只会读书的优等生"；我所想象的"保持个性"，其实还是包含着某种形式的统一。

　　每个人的个性都不相同，"会读书的优等生"也是一种个性。

　　对于个性来说，最重要的是"拥有自我"，而"自我"其实就是"不一致"。

我是在访问东京修勒葛饰初中时，才开始强烈地意识到"个性"的存在的。这所学校里聚集了很多因为各种各样的原因而无法继续上学的孩子。

最开始，在我的想象里，在这所学校里上学的学生，应该都是一些跟不上学校的学习，或者无法和同学搞好关系的孩子。

但是，当那所初中实际开始上课的时候，我感到非常惊讶。

在那里，我看到的是一群比任何人都要更懂得思考的孩子，他们拥有比任何人都要更灵活的思维方式，他们能够比任何人都更积极地与老师进行沟通，他们还拥有比任何人都要更积极的好奇心。

那是一群优秀到仿佛是被特意挑选出来的孩子。

这让我深思：如果这些孩子们被边缘化，没有自己的容身之处，那么我们这些成年人创造出的社会到底是什么东西呢？

这些孩子原本能在水中自在悠游，却被迫远离了水。

看着这些孩子，我仿佛看到了被抛到陆地上、"啪嗒啪嗒"弹跳着的鱼儿。

在我和孩子们交谈的时候，有一个孩子对我说了这样的话："个性不是创造出来的，也不是培养出来的，而是自己长出来的。"

个性到底是什么？对于这个问题，到现在我也没有明确的答案。

虽然我认为个性很重要，但站在管理的立场，还是希望有某种程度的统一。

但是，生物总是进化出充满个性的存在，所有的生物都拥有自己的个性。

既然如此，个性就不会毫无意义，也不可能不重要。

未来，属于终身学习者

我们正在亲历前所未有的变革——互联网改变了信息传递的方式，指数级技术快速发展并颠覆商业世界，人工智能正在侵占越来越多的人类领地。

面对这些变化，我们需要问自己：未来需要什么样的人才？

答案是，成为终身学习者。终身学习意味着永不停歇地追求全面的知识结构、强大的逻辑思考能力和敏锐的感知力。这是一种能够在不断变化中随时重建、更新认知体系的能力。阅读，无疑是帮助我们提高这种能力的最佳途径。

在充满不确定性的时代，答案并不总是简单地出现在书本之中。"读万卷书"不仅要亲自阅读、广泛阅读，也需要我们深入探索好书的内部世界，让知识不再局限于书本之中。

湛庐阅读 App: 与最聪明的人共同进化

我们现在推出全新的湛庐阅读 App，它将成为您在书本之外，践行终身学习的场所。

- 不用考虑"读什么"。这里汇集了湛庐所有纸质书、电子书、有声书和各种阅读服务。
- 可以学习"怎么读"。我们提供包括课程、精读班和讲书在内的全方位阅读解决方案。
- 谁来领读？您能最先了解到作者、译者、专家等大咖的前沿洞见，他们是高质量思想的源泉。
- 与谁共读？您将加入优秀的读者和终身学习者的行列，他们对阅读和学习具有持久的热情和源源不断的动力。

在湛庐阅读 App 首页，编辑为您精选了经典书目和优质音视频内容，每天早、中、晚更新，满足您不间断的阅读需求。

【特别专题】【主题书单】【人物特写】等原创专栏，提供专业、深度的解读和选书参考，回应社会议题，是您了解湛庐近千位重要作者思想的独家渠道。

在每本图书的详情页，您将通过深度导读栏目【专家视点】【深度访谈】和【书评】读懂、读透一本好书。

通过这个不设限的学习平台，您在任何时间、任何地点都能获得有价值的思想，并通过阅读实现终身学习。我们邀您共建一个与最聪明的人共同进化的社区，使其成为先进思想交汇的聚集地，这正是我们的使命和价值所在。

CHEERS

湛庐阅读 App
使用指南

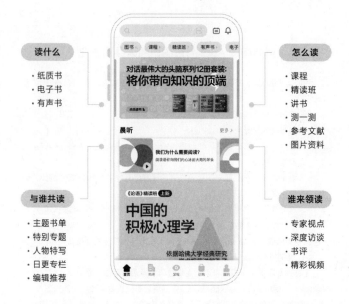

读什么

· 纸质书
· 电子书
· 有声书

与谁共读

· 主题书单
· 特别专题
· 人物特写
· 日更专栏
· 编辑推荐

怎么读

· 课程
· 精读班
· 讲书
· 测一测
· 参考文献
· 图片资料

谁来领读

· 专家视点
· 深度访谈
· 书评
· 精彩视频

HERE COMES EVERYBODY

HAZUREMONO GA SHINKA WO TSUKURU by Hidehiro Inagaki

Copyright © Hidehiro Inagaki 2020

Original Japanese edition published by Chikumashobo Ltd.

All rights reserved.

Chinese (in Simplified character only) translation copyright © 2025 by
BEIJING CHEERS BOOKS LTD.

Chinese (in Simplified character only) translation rights arranged with
Chikumashobo Ltd. through BARDON CHINESE CREATIVE AGENCY
LIMITED, Hong Kong.

浙江省版权局图字：11-2024-477

本书中文简体字版经授权在中华人民共和国境内独家出版发行。未经出
版者书面许可，不得以任何方式抄袭、复制或节录本书中的任何部分。

图书在版编目（CIP）数据

杂草从不按图鉴长 / （日）稲垣荣洋著；李金珂译 .
杭州：浙江科学技术出版社，2025. 1. — ISBN 978-7-
5739-1641-9

Ⅰ . Q-49

中国国家版本馆 CIP 数据核字第 2024LC3646 号

书　　名	杂草从不按图鉴长	
著　　者	[日]稲垣荣洋	
译　　者	李金珂	

出版发行　浙江科学技术出版社
　　　　　　地址：杭州市环城北路 177 号　　邮政编码：310006
　　　　　　办公室电话：0571 - 85176593
　　　　　　销售部电话：0571 - 85062597
　　　　　　E-mail:zkpress@zkpress.com

印　　刷　唐山富达印务有限公司

开　本	880mm×1230mm　1/32		**印　张**	6.875	
字　数	128 千字				
版　次	2025 年 1 月第 1 版		**印　次**	2025 年 1 月第 1 次印刷	
书　号	978-7-5739-1641-9		**定　价**	49.90 元	

责任编辑　余春亚		**责任美编**　金　晖	
责任校对　张　宁		**责任印务**　吕　琰	